亀田講義ナマ中継

生化学

わかりすぎてヤバい！

亀田和久 著
Kazuhisa Kameda

講談社

カバーイラスト
天堂きりん

本文イラスト
北ピノコ

ブックデザイン
安田あたる

はしがき

　生化学の勉強は、あきらかに生物と化学の両方の知識を必要としています。高校で両方やっていればまだよいのですが、どちらか一方しか学んでいないことも多いでしょう。生物だけをやっている人には化学式が恐怖で、化学だけの人には全体の繋がりがわからないという、非常に困った状態になりがちです。しかも化学が得意な人が見ても、その反応やサイクル（回路）が**あまりに煩雑**なのがこの**生化学**なのです。しかし、生物、化学系の人はもちろん、とくに、医学、看護、薬学などメディカル系の人には重要度がかなり高く、さまざまな生体反応の**知識の土台**となるのがこの**生化学**でもあるので、**絶対に避けては通れない学問**だと思います。もし、ここを避けたら、病気の根本がわからず、薬理効果も理解困難になり、**暗記のみの無限地獄に陥る可能性があります**。

　生化学の勉強をあきらめている人に、なんとかしてそのおもしろさを伝えたい、そんな一心で本書を出版した次第です。そのため、みなさんが興味がある食べ物の話やダイエットの話、またスキンケアの話や、お酒を飲んで脂肪肝になる話など、非常に身近な話題を中心に説明をしてみました。大いに楽しんで下さい！

　先にも書いたとおり、生化学はその煩雑さから、その修得をあきらめる人が多いのですが、本当に何が重要かがわかれば、突破口は開けるのです。その突破口となるのがずばり**"代謝"**なのです。とくに**炭水化物**の代謝がまず一番の基礎と考えています。生化学の勉強は"日本の電車の路線図をとにかく覚える"みたいな感じなので、どこから何を学んだらよいのかわからなくなりがちです。

　電車の路線図を覚えるとき、人の流れが多い路線を重点的に覚えれば、多くの人が使う一番重要な路線からマスターできます。たとえば、大阪と東京で仕事をするビジネスマンなら、大阪―京都―名古屋―東京を走る新幹線の駅をまず覚えて、そのあと東京内を走る山手線を覚えるのがよいでしょう。

生化学では、これに該当するのが、解糖系とクエン酸回路といわれるものなのです。つまり、ブドウ糖（グルコース）からスタートして、クエン酸回路に向かう流れをマスターすることが重要です。

　この流れをこの本でしっかりマスターすれば、一番の基本をマスターしたことになるでしょう。そのあと、青森からも山手線に入れたり、新潟からも入れたり、九州や四国からどう入ろうかなど、そのほかの路線を頭に構築すればよいでしょう。この流れをしっかり習得することを目標に頑張ってください！「すべての道はローマに通ず」という言葉がありますが、「すべての道は代謝に通ず」といっても過言ではないくらい、まず代謝が重要なのです。

　21世紀はバイオの世紀といわれています。バイオ関連で最も重要な学問の1つである生化学は、わかり始めたら底なしのおもしろさがあります！　さあ，ぜひこの本で基礎を学んで、そのおもしろさを知って下さい！

　「生化学って分かるとおもしろい！」を痛感していただければ、筆者の最高の喜びであります。

　最後に、このようなマンガや図を多く取り入れた複雑な本をつくってくださった講談社サイエンティフィクの編集者のみなさん、かなりの無理難題に応えてくれたイラストレーターの北ピノコさんに本当に感謝です！！

亀田　和久

わかりすぎてヤバい！
亀田講義ナマ中継 生化学
CONTENTS

はしがき ……………………………………………… iii
登場キャラクター紹介 ……………………………… viii

プロローグ 生化学は何をやるにゃん？ ……………… 1

分子の構造と機能 編

I　生化学の基礎
第1回　三大栄養素ってにゃんだ？ ……………………… 6

II　炭水化物
第2回　炭水化物ってにゃんだ？ ………………………… 9
第3回　リボースってにゃんだ？ ………………………… 12

III　核酸
第4回　ATPってにゃんだ？ ……………………………… 18
第5回　プリンはおいしいにゃん！ ……………………… 29
第6回　核酸ってどんな酸にゃ？ ………………………… 36

IV　アミノ酸
第7回　うまみ成分ってにゃんだ？ ……………………… 44

V　脂質
第8回　アシルってよく聞くにゃ？ ……………………… 51
第9回　脂肪と脂質はちがうにゃ？ ……………………… 60

| 第10回 | お肌の保湿には**セラミド**にゃん！ | 67 |
| 第11回 | **生体膜**も脂質にゃ？ | 78 |

VI　酵素

| 第12回 | **ミカエリス-メンテン**ってにゃんだ？ | 87 |

物質の代謝　編

VII　炭水化物の代謝（解糖系）

第13回	**ミトコンドリア**って何者にゃ？	99
第14回	**解糖系**ってにゃんだ？	106
第15回	**ビフィズス菌**は便秘に良いにゃ？	116

VIII　炭水化物の代謝（クエン酸回路）

| 第16回 | **クエン酸回路**ってにゃんだ？ | 126 |

IX　炭水化物の代謝（電子伝達系）

| 第17回 | **電子伝達系**と**CoQ10**は美容に良いにゃ？ | 139 |
| 第18回 | **リンゴ酸-アスパラギン酸シャトル**ってにゃ～に？ | 152 |

X　脂質の代謝

第19回	**悪玉コレステロール**ってにゃんだ？	163
第20回	**カルニチンダイエット**って効くにゃ？	171
第21回	**β酸化**でフォアグラを分解にゃん！	180

XI　タンパク質の代謝

| 第22回 | 筋肉増強には**BCAA**にゃん！ | 190 |
| 第23回 | **オルニチン回路**って格好いいにゃん！ | 196 |

索引 203

登場キャラクター紹介

かめちゃん

本書の著者であり、生物、化学の達人。彼の細胞には多くのミトコンドリアが存在するという。今回は身近なテーマを例に楽しく生化学を伝授する。
相手が素人だろうがネコだろうが、持ち前のミトコンドリアパワーで生化学を語りまくる！

シャペロン

今年大学に合格した1年生。専攻は分子生物学。じつは2浪していて意外とおませ。出身は大阪難波で、心斎橋付近でグリコのお菓子とたこ焼きを食べながら幼少時代を過ごす。若いのにスキンケアに命をかけていて、趣味は肉球のマッサージ。タイガースファンでもある。

グリニャール

シャペロンの親友で化学専攻の大学1年生。趣味はダッシュ、好きな食べ物はカニ。好きな動物はペリカンというかなり個性的なネコ。かめちゃんの別の講座の生徒であり、天敵でもある。
（『亀田講義ナマ中継　有機化学』で登場）

ミトコン嬢

計り知れない根性を持つ女。
食欲は底なし。ビール瓶を常に飲み干し、「あとぷーっ」とゲップをするのが日常。食えんものはないので、その胃袋は"食えんさん"とよばれている。

おりんさん（おりんちゃん）

女忍者、いわゆるくノ一である。さまざまな場所に現れ、突然消える。まさに神出鬼没の忍者。特技はH型の手裏剣を投げることと、数人で繰り出す忍法であるという。

リボース

顔が怖いためボスとよばれているが、意外とたくさん存在していて、重要な役割を果たす。好きな食べ物はプリンとミジンコ。
じつは、忍者の格好をした女性が好み。
片足を常に上げているボスもいるという。

プリンちゃん、ピーちゃん

プリンとピーはボスのお気に入り。
仲良しのペアが決まっている。
お互い声を掛け合うときは「あっと、グッチ」とつぶやくという。

プロローグ 生化学は何をやるにゃん？

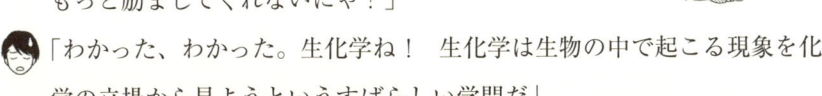

- 「ねぇ、そこの人。生化学って難しいの？」
- 「というかお前はだれだ？」
- 「ウチは新入生のシャペロンよ。よろしく！」 
- 「そうか、それはすばらしい。せいぜいがんばってくれ」
- 「ひどいにゃ！ これから学ぶ生徒に対して、もっと励ましてくれないにゃ？」
- 「わかった、わかった。生化学ね！ 生化学は生物の中で起こる現象を化学の立場から見ようというすばらしい学問だ」
- 「ウチは受験のとき、生物だけで受験したから化学はわからないにゃ」
- 「それと私と何の関係が？」
- 「あなたは何の先生をしているにゃ？」
- 「う〜ん困ったな。生化学の先生だが……」
- 「ほんまにー！ えらい偶然やわぁ。ってことで教えるのは義務にゃ！」
- 「うう、そうか……。まあ、やる気があるなら教えよう」
- 「やったにゃ〜！」
- 「ところで、元素記号くらい覚えているよね？」
- 「わかっているにゃ。水素はHで炭素はCだにゃ」
- 「それから？」
- 「それだけだにゃ！」

「さよなら。私は講義があるので失礼するよ」
「ちょい待って〜！ もうチビッと教えてよ！」
「じゃあせめて、よく使う元素記号は覚えてもらおう」
「がんばるにゃ」
「これは周期表という元素の表だが、生体内に多い元素に色を付けておいたから覚えなさい！ これ以外にもあるけど、とくに重要な元素はCHONPSの6つだよ」

	1族	2族	13族	14族	15族	16族	17族	18族
第一周期	H 水素							He ヘリウム
第二周期	Li リチウム	Be ベリリウム	B ホウ素	C 炭素	N 窒素	O 酸素	F フッ素	Ne ネオン
第三周期	Na ナトリウム	Mg マグネシウム	Al アルミニウム	Si ケイ素	P リン	S 硫黄	Cl 塩素	Ar アルゴン
基本の原子価	1価	2価	3価	4価	3価	2価	1価	0価

「6つの元素記号だけなら、ウチでも覚えられるにゃ。でも原子価ってにゃ〜に？」

「原子価はいわゆる手の数だよ。たとえば、Cは4価で手が4本、Hは1価で手が1本だよ！ CとHの化合物で一番簡単なメタンは、次のような構造だよ」

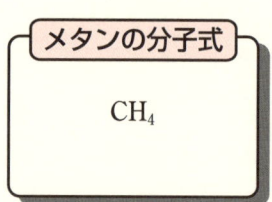

メタンの分子式

CH_4

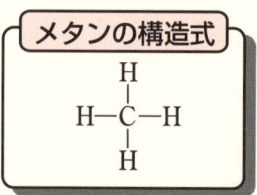

メタンの構造式

$$\begin{array}{c} H \\ | \\ H-C-H \\ | \\ H \end{array}$$

😺「原子価も覚えるにゃ？」

👦「当たり前だ！ 手の数がわからなかったら、構造式をみてもボーッと見ることになるし、だいたい、自分では絶対書けなくなるぞ。CHONPSの6つだけでもきちんと覚えなさい！」

😺「わかったにゃん。6つだから大丈夫にゃん！」

👦「よし、まあ人生頑張れ！ さらばじゃ」

😺「うにゃ！ ちょいまって〜！ このあと何をやればいいのかチビッと教えて！」

👦「私の講義にちゃんと出ればよいのだ！」

😺「先生の講座は1年生で受講できるにゃ？」

👦「ううっ、そうだ……。私は2年生以上の講座しかないな。じゃあ君とは無関係だ！ よかった〜」

😺「よかった？ ひどいにゃ。せめてどんなことを目標にするのかだけでも教えて♥」

👦「う〜む。確かに何を学ぶのかという目標を立てるのは非常に良いことだ」

😺「そうなのよ、良いことにゃ♪」

👦「最初の目標は生体内の物質を分類して理解することだよ」

😺「分類がそんなに重要にゃ？」

👦「分類は<u>生化学の命</u>なんだよ。たとえば、動物の勉強をするとき、その動物がほ乳類か虫類か魚類か、はたまた節足動物かでは、えらく違うでしょ！」

「うにゃ？」

「だ〜か〜ら〜、脊椎動物は背骨があるから歳をとると腰が曲がったりするけど、歳をとったからといって腰が曲がったカブトムシとか見たことないだろ！」

「それはないにゃ」

「つまり、どの物質について学んでいるか意識しなければ意味がないんだよ。分類がなければ、背骨がない動物に対して、腰は曲がるんですか？と質問しかねないでしょ」

「ふむふむ」

「だから分類は重要なんだよ」

「わかった、じゃあ分類だけ学べばよいにゃ？」

「いやいやいやいやお客さん、そのあとが重要なんだよ。一番重要なのは、からだに入った物質がどう反応して、どう役立つかを知ることなんだよ」

「OKにゃ。目標はその2つにゃん！」

「よし、2つを目標にがんばれよ。それではさらばじゃ！」

「またね〜♥」

「うう……！」

あたしの目標
1. 物質を分類するにゃん！（第1回〜第12回）
2. その物質がからだに入ってどうなるのか理解するにゃん！（第13回〜第23回）

I 生化学の基礎

第1回 三大栄養素ってにゃんだ？

「ちょっと～そこの人！」

「うう……また君か。私は"そこの人"ではない！ せめて亀田先生とお呼び！」

「じゃあ亀田先生。生化学の本は買ったんだけど、すごく嫌な予感がするにゃ」

「おそらく、その"嫌な予感"は、化学式を全部避けようとしているせいだよ。化学式を拒絶していたら"嫌な予感"は増幅するばかりだよ」

「じゃあ、ウチは何をすればええにゃ？」

「この前教えた、元素記号のCは炭素、Hは水素、Oは酸素、Nは窒素、Pはリン、Sは硫黄くらいは覚えたかい？」

「そのくらいは大丈夫にゃん」

「まずは化学物質を大きく分類することが重要だ」

「そうにゃ、分類だにゃん！ それで、何の種類があるにゃ？」

「君は**三大栄養素**を知っているだろ？」

「それならわかるにゃ！ サンマ、アジ、カツオブシだにゃ」

「なんだと～！ だいたい、なんでカツオブシだけ加工品なんだ。それはいいとしても、全部タンパク質が主成分じゃないか！ 少なくとも人間の世界では、三大栄養素とは**炭水化物**、**タンパク質**、**脂質**なんだよ」

「うにゃ、それを暗記すればいいにゃ？」

6　I　生化学の基礎

「ちがうんだよ！ ただ暗記してきただけだから、中学校でやっているのに忘れているんだよ。一番重要なのは暗記ではなく、理解することなんだ！ 細かいことはいいとしても、全体を理解することが重要なんだ」

「そうにゃんだ〜」

「そうなんだよ！ 暗記だけして、テストだけごまかすっていうことを繰り返していると、辛くなって、より高度なことがわからなくなって、さらに辛くなって、暗記量も増えて、ろくな事はないんだよ！！」

「辛いのは嫌や」

「そうだろう。しっかり理解すれば、暗記ではなくて楽しいし、より高度なこともわかってさらに楽しくなって、複雑なことも頭に入っていくんだよ！」

「OKにゃん！」

「ところで、考えてみると、私たちは植物にしても動物にしても、もともと生きていた生物を食べていることが多いだろ？」

「本当にゃん！ 生物だらけにゃん」

「生化学は生物のからだの中の化学物質の勉強だから、食べているものの分類はもちろん重要になるんだよ。では次に生化学で重要な物質を簡単にまとめるよ！」

重要な物質の分類

高分子	低分子
炭水化物（多糖類）	炭水化物（単糖類、二糖類など）
タンパク質	アミノ酸
脂質	グリセロール（グリセリン）
	高級脂肪酸
	コレステロール　など
核酸	ヌクレオチド

「赤い字が３大栄養素にゃん！」

「そうだよ。この物質をつながりで覚えるんだよ。たとえば、"アミノ酸は暗記したけど、タンパク質ってなんだろう？"ってことにならないようにね。これらはセットなんだよ！」

「そうにゃんだ～」

「タンパク質はアミノ酸がつながってできているし、多糖類は単糖類からできているんだよ。また、脂質はグリセロールと高級脂肪酸などから構成されているし、核酸はヌクレオチドがつながったものだよ」

「いきなりは覚えづらいにゃ！」

「そうだね。でも、ひとつひとつ理解して、具体的にわかれば、簡単なことなんだよ。たとえば、イチゴショートケーキは、イチゴと生クリームとスポンジからできているだろ。暗記しなきゃって感じでもないでしょ」

「確かにそうだにゃ」

「イチゴショートケーキを知っている人には、何の苦労もないことなんだよ。だからこれから、イチゴショートケーキを具体的に学べばよいのだ！」

「それはおいしそうだにゃ！　楽しみだにゃ」

II 炭水化物

第2回 炭水化物ってにゃんだ？

分子の構造と機能

- 🐱「かめちゃん、元気？」
- 😐「うう、また君か。なぜ私の名前を？」
- 🐱「だって、この間、名前を教えてくれたし」
- 😐「そうだった、私としたことがうかつだった……」
- 🐱「そんなことより、かめちゃん！ 炭水化物ってにゃ〜に？」
- 😠「私は君の友達ではないし、だいたい君は学生だし、染色体の数も違うし、裸だし、かめちゃんとは何だ！」
- 🐱「じゃあ、"せんせー"ならいいにゃん？」
- 😐「まあ、先生ならよかろう」
- 🐱「せんせー、炭水化物をチビッと教えてちょうだい♥」
- 😐「そうだな、炭水化物というのは、炭素 C と水 H_2O の化合物で、一般式は $C_n(H_2O)_m$ の形になるんだよ（n と m は自然数だよ）」
- 🐱「それだけ覚えればいいにゃん？」
- 😐「そうではない！ 炭水化物＝糖 なのだが、糖を分解していったとき、最小単位となる炭水化物のことを単糖類というんだよ！」

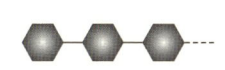

●●● ---- 糖　→分解→　● 単糖類

🐱「炭水化物と糖類は同じだったにゃ？」

👦「そうだ。だから物質の大分類を正確に把握していなければ、専門書を読んでもまったく意味がわからないよ」

🐱「うにゃ、わかったにゃん」

👦「単糖類と二糖類と多糖類は一般式があって、とくに重要なのは単糖類だよ！」

🐱「何を覚えればいいにゃ？」

👦「単糖類は $C_n(H_2O)_n$ という形で化学式が書けるんだよ！　nは自然数だよ！」

🐱「それならわかるにゃん」

👦「それでは次の表の①〜③を埋めてみなさい」

🐱「わかった、がんばるにゃん！」

単糖類と多糖類(炭水化物)の関係

(答えはページ下)

分類	単糖類 ⬢	二糖類 ⬢-⬢	多糖類 ⬢-⬢-⬢--
(一般式)	$C_n(H_2O)_n$	$C_{2n}(H_2O)_{2n-1}$	$[C_n(H_2O)_{n-1}]_x$
四炭糖	$C_4(H_2O)_4$	$C_8(H_2O)_7$	$[C_4(H_2O)_3]_x$
五炭糖	$C_5(H_2O)_5$	$C_{10}(H_2O)_9$	$[C_5(H_2O)_4]_x$
六炭糖	①	②	③

👦「単糖類はすべての基本だから重要だよ！　この表で炭素数、つまりnが4のものは四炭糖、炭素数が5なら五炭糖というんだよ」

🐱「専門書はこんなふうに書いてないにゃん」

👦「そうだね。専門書は"六炭糖は $C_6H_{12}O_6$"のような書き方だね。$C_6(H_2O)_6$ のほうが炭素 C と水 H_2O の化合物で"炭水化物"って感じでしょ」

答え　① $C_6(H_2O)_6$　② $C_{12}(H_2O)_{11}$　③ $[C_6(H_2O)_5]_x$

「本当だ〜！ もうこれだけで感動にゃん」
「まずは炭水化物の化学式を徹底的に覚えるんだよ！」
「わかったにゃん。これで、炭水化物は完璧だにゃん」
「調子にのるな。わかったのは分子式だけだろ」
「うにゃ〜。でも幸せにゃ〜」

レベルアップ問題

次の化合物はタンパク質、炭水化物、脂質のどれか？
分類して！

答え　分子式は $C_3H_6O_3 = C_3(H_2O)_3$ より、炭水化物
　　　（さらに、$C_n(H_2O)_n$ より単糖類で、三炭糖）

第3回 リボースってにゃんだ？

- 「ねぇ、かめちゃん」
- 「かめちゃん？」
- 「いえいえ、亀仙人、いや亀せんせー、いやせんせー！」
- 「もういい。今日はなんだ？」
- 「リーボスって知ってる？」
- 「ああ、リーバスね。英語の先生で Michael Rivas って人がいるよ」
- 「ウチがいってるのは、その人じゃないんよ」
- 「じゃあどこの人だい？」
- 「生化学に出てくる有名な人だと思うにゃん。RNA とかいうのと関係あるにゃん」

- 「ひょっとして、リボースではないか？」
- 「そうそう、その人だにゃん。そのボスみたいな人だにゃん」
- 「人？ リボースを人だと思っているのか？」
- 「人の名前じゃないにゃ？」
- 「人じゃないよ、れっきとした炭水化物だよ。しかも単糖類で五炭糖だ！」
- 「どうりで話がわからへんのよ〜」
- 「そうだろう。私には君のほうがよっぽどわからん。ところで、五炭糖の化学式は？」
- 「ウチ、それ得意にゃん。$C_5(H_2O)_5$ だにゃん！」

🧑「そうそう、それだけはいえるようになったな！ 今日は構造まで覚えてくれ。こんな形だ」

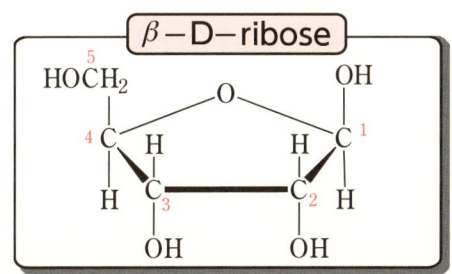

🧑「$C_5(H_2O)_5$ の分子式を持っている、れっきとした五炭糖だよ。炭素に番号をつけておいたよ。5個あるでしょ」

🐱「わぁ、難しそうだにゃん！ これを覚えなきゃいけないにゃ？」

🧑「リボースくらい覚えないと、あとあと苦しいよ！ じゃあ、とっておきのコツを教えてあげよう」

🐱「教えて、教えて♥」

🧑「まず、炭素はCと書かなくてもいいんだよ！ それから、Cに結合している水素Hは完全に省略していいことになっているんだ。だから、この構造はかなり簡単になるんだ」

🐱「これなら少しわかる気がするにゃん」

🧑「さらにコツをいえば、OHという部分はほかの部分と合体するためにあると思えばよい」

🐱「合体用にゃ？」

第3回●リボースってにゃんだ？

「そうだ、合体用なんだよ。合体用のグループはそんなに多くないんだよ。有名な例を見てみて！」

構造	省略した表記	名称
—N(H)(H)	—NH$_2$	Amino group (アミノ基)
—C(=O)—OH	—COOH	Carboxy group (カルボキシ基) または (カルボキシル基)
—O—H	—OH	Hydroxy group (ヒドロキシ基) または (ヒドロキシル基)

「合体に関与する部分を赤くしておいたよ！」

「にゃるほど。ところで"グループ (group)"は"基"って訳すにゃ？」

「そうだよ。だから Carboxy group は正確にはカルボキシ基だね。でもまだカルボキシル基と書いてある本もあるから、どちらでもわかるようになってね！」

「わかったにゃん。構造がわかればいいにゃん！」

👤「そうだね！ それで、リボースの構造だが、もう一度見てみて。合体用の部分を赤くしておいたよ」

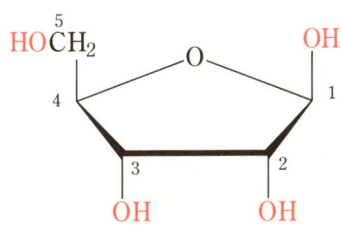

🐱「合体できる部分が4箇所あるにゃん！」

👤「そうなんだよ。すべてが合体するわけではないが、合体できる部分が上に2つ下に2つあるんだ！ かなりわかりやすくなっただろう」

🐱「本当だにゃん。ウチ、天才になった気分にゃ！」

👤「君がいうリボースっていうボスにたとえたらこんな感じだな」

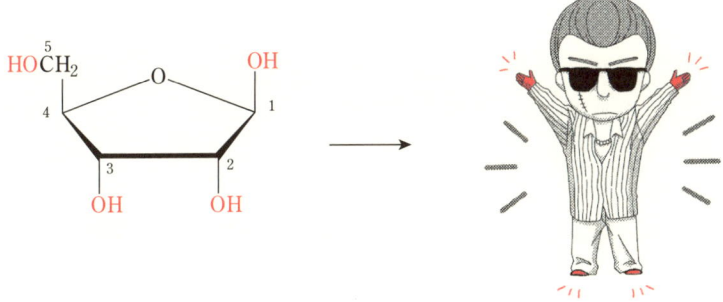

🐱「これはさらにわかるにゃん！」

👤「そうだろう、そうだろう。さらに教えると、2番目の炭素につく -OH が合体に必要ないからスリムにしたボスもいるんだ！」

🐱「スリムリボースにゃ？」

👤「そんなヘンな名前ではない！ 酸素はoxygenだから、**酸素を取り除いた**っていうことで **de**oxy をつけて呼ぶんだよ」

「あっ、デオキシリボースだ！」
「そのとーり！ 構造も見てみよう」
「見てみようにゃん！」

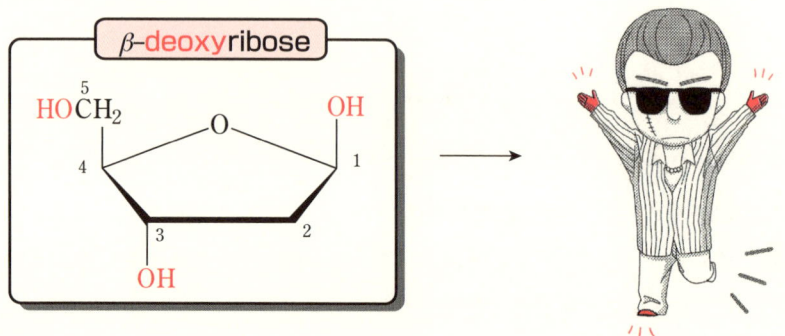

「どうだ、かなりわかりやすいだろう」
「これはわかるにゃん！ 片足あげてるにゃん！」
「よく見ると、合体用の -OH が結合している炭素の番号は1と3と5の3箇所だろ」
「それは重要にゃ？」
「もちろん。何かと結合するとき、その位置番号がポイントになるから、超重要なんだ。覚えてくれ！」
「1、3、5は奇数だから覚えやすいにゃん」
「よし、その調子だ。がんばれシャペロン！」
「ウチ、がんばるにゃ！」

レベルアップ問題

次の化合物はタンパク質、炭水化物、脂質のどれか？
分類して！

（グルコースの環状構造図）

答え　分子式は　$C_6H_{12}O_6 = C_6(H_2O)_6$　より、炭水化物
　　　（さらに、$C_n(H_2O)_n$ より単糖類で、六炭糖）
　　　※ちなみに D-グルコースあるいはブドウ糖と呼ぶ

III 核酸

第4回 ATPってにゃんだ？

「せんせー、"あとぷ"って重要らしいんだけど知ってる？」
「あとぷ？」
「そうなの、"あとぷ"だけじゃなくて、"あでぷ"っていうのもあるにゃ」
「断末魔で"あべし"や"ひでぶ"というのは知っているが…」
「生化学の時間に出てきたのよ！」
「もしかして、何かを無理やり読んでいるんじゃないのか？」
「そうそう、ATPって書いてあったにゃん」
「なんてこった！　高校のころからATPを"あとぷ"って読んでいたのか？」
「そうだにゃ！　何も問題なかったにゃ」
「うう〜ん、確かにそう読むのは勝手だが、普通は"エーティーピー"と読むんだよ」
「そうとも読めるにゃ。今回は百歩譲ってせんせーに合わすにゃ」
「そうだな、ぜひ合わせてくれ。それより、ATPが何なのか知りたいんじゃないのか？」
「そうにゃん！　ウチはそれが知りたいにゃ」
「そのためには、非常に重要な人物を知らなければならない！」
「誰にゃ？」
「それは、**リン酸**だ！　合体の天才といってもよかろう」
「合体の天才？」
「そうだ。さまざまなものと合体する天才的なやつで、忍者みたいにい

ろいろな場所に出てくるのだ。まずはこのリン酸の構造を見てみろ」

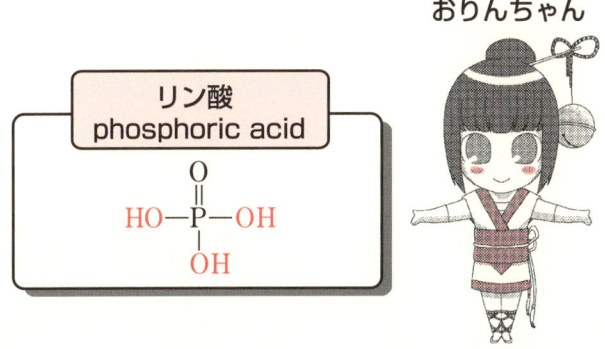

🐱「おりんさん（リン酸）は、合体用の -OH が3箇所あるにゃん！」

👤「そうなんだ。必ず合体するわけではないが、いろいろな場所に出てくるんだよ。アホな学生の中には"化学構造なんて覚えなくて大丈夫"と思っている人がいるが、"これだけは覚えなければならない"化学構造もあるんだよ。リン酸は絶対に覚えなさい！」

🐱「わかったにゃん。ところで、おりんさん（リン酸）が合体するとどうなるにゃ？」

👤「君のいう"あとぷ"つまりATPがまさにその例なんだ！」

🐱「にゃんだって！ 早く教えてにゃ」

👤「その前に、リン酸つまりおりんは、1～3人で忍者活動をしているんだ！」

🐱「おりんどうしで合体しているにゃ？」

👤「そうなんだ。これを見てみろ」

第4回● ATPってにゃんだ？

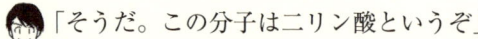

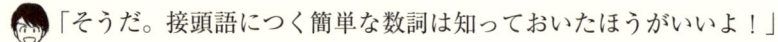

二リン酸　diphosphoric acid

🐱「おりん2人が合体したにゃ」

👦「そうだ。この分子は二リン酸というぞ」

🐱「これは簡単だにゃ。ねえ、チビっと質問にゃんだけど、di = 2 ってことにゃ？」

👦「そうだ。接頭語につく簡単な数詞は知っておいたほうがいいよ！」

接頭語に使われる数詞

数	基本の名称	置換されているものに基本の名称が使われている場合
1	mono	—
2	di	bis
3	tri	tris
4	tetra	tetrakis
5	penta	pentakis
6	hexa	hexakis

🐱「じゃあ三リン酸は triphosphoric acid だにゃ！」

「そうそう！ 化学式を見てみよう」

$$HO-\underset{\underset{OH}{|}}{\overset{\overset{O}{\|}}{P}}-O-\underset{\underset{OH}{|}}{\overset{\overset{O}{\|}}{P}}-OH + HO-\underset{\underset{OH}{|}}{\overset{\overset{O}{\|}}{P}}-OH$$

$$\longrightarrow H_2O + HO-\underset{\underset{OH}{|}}{\overset{\overset{O}{\|}}{P}}-O-\underset{\underset{OH}{|}}{\overset{\overset{O}{\|}}{P}}-O-\underset{\underset{OH}{|}}{\overset{\overset{O}{\|}}{P}}-OH$$

三リン酸 triphosphoric acid

リン酸　　　二リン酸

三リン酸

「これならおもしろいからわかるにゃ」

「そうだろう。リン酸は本当にいろいろな場所で登場するから、しっかり覚えておけ！ さあ、リン酸がわかったところで、リボースを思い出してもらおう」

「えーっとリーボスじゃなくてリボース、リボース……」

「そうそう。炭水化物、単糖類、五炭糖のリボースだよ。構造はこれ！」

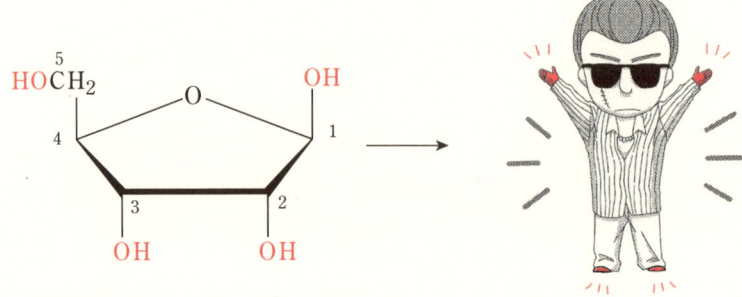

「思い出したにゃ！」

「よし。このリボースが、アデニンという物質とくっついたものを、**アデノシン**っていうんだ」

「アデニンってにゃ～に？」

「アデニンは第5回で教えるが、とにかく構造を見てみろ」

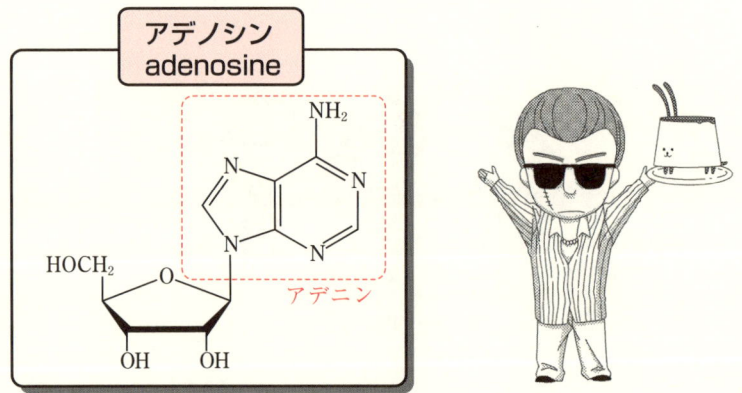

「ひえ～！　右上にある⬡な構造の部分（アデニン）が怖いにゃ」

「そうだろ。だから今はアデニンの構造はいいから、それ以外の部分を冷静に見てみろ」

「アデニンを持ったリボースがアデノシンだにゃ」

「そうそう、その調子。これにおりん3姉妹を合体させたら、いよいよATPだ」

「そうにゃんだ！」

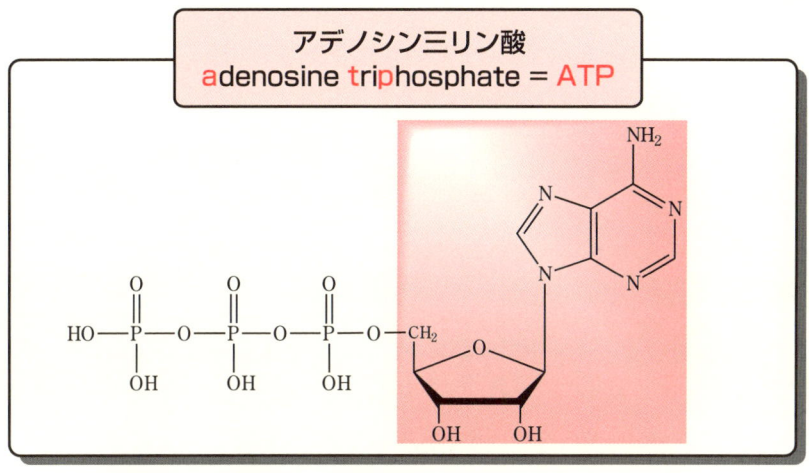

「どうだ！　アデノシン三リン酸 = adenosine triphosphate = ATP なんだよ！」

「感動！　順番にやればわかるにゃ！」

「そうだろう。化学式を避けていたら暗記量は増えるばかりだが、重要な部分がわかれば、おもしろいし、簡単だろう」

「本当にそうにゃ！　にゃんだか、ウチ、ATP好きにゃ」

「よしよし、いい調子だ。ところで、ATPは何に使うか知っているかい？」

「うっ……。盲点をつかれたにゃ」

「盲点って、この物質が何のためにあるのかが一番重要なんだ！　だいたい、君が今しゃべっていられるのもATPのおかげなんだぞ」

「しゃべるのと関係があるにゃ？」

「大ありだ。エネルギーを使うってことはATPを使うってことだ。君が宇宙人でない限りはATPを使ってエネルギーを得ているんだ！」

「どういうことか知りたいにゃ！　チビッと教えて♥」

「これはエネルギーの話だが、この世の物質をエネルギーという観点から見てみると、エネルギーが高い物質と低い物質があるんだ」

「エネルギーが高いのと低いのは何が違うにゃ？」

「<u>エネルギーは低いほうが安定なんだよ</u>」

「それとATPが関係あるにゃ？」

「大ありだ！　この図を見て！」

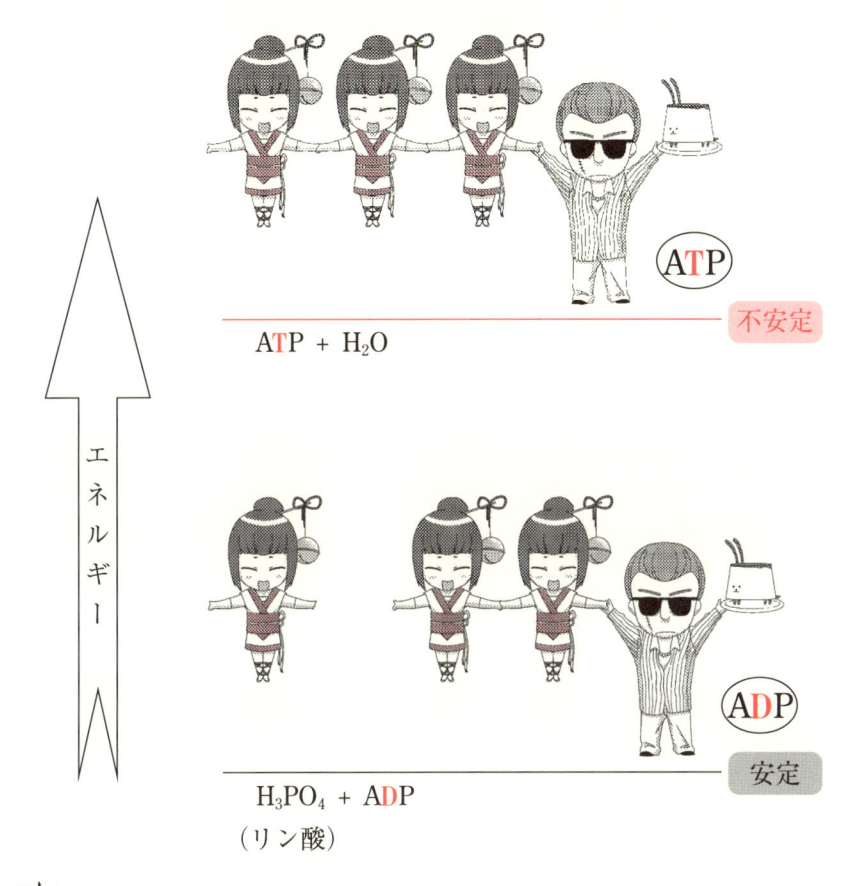

ATP + H₂O　　　　　　　　　ATP　不安定

エネルギー

H₃PO₄ + ADP　　　　　　　　ADP　安定
（リン酸）

🐱「あっ、エネルギーの低いほうがADPだにゃ！　ADPは安定だにゃ！」
🧑「そうなんだよ。化学式で見ると、ATPにH₂Oを入れたらおりんつまりリン酸が1人離れてADPができるんだ！　ADPつまり安定なほうに行きやすいんだよ！」

第4回● ATPってにゃんだ？

（図：ATP の構造式、矢印「エネルギー」、ADP + H₃PO₄（リン酸）の構造式、+31kJ「このエネルギーでさまざまな生命活動をしている！」）

🐱「にゃるほど！」

👦「ATP から ADP ができるとき、つまりおりんが 1 人離れるとき、エネルギーの図では上から下へ移動して、エネルギーが余る。そのエネルギーの関係を方程式で表すと次のようになるよ」

$$\text{ATP} + \text{H}_2\text{O} = \text{ADP} + \text{H}_3\text{PO}_4 + 31\text{kJ}$$

🐱「ATP + H₂O のもつエネルギーは、ADP + H₃PO₄ に 31kJ を足したものに等しいにゃ！」

👦「そうだよ。だから、<u>ATP が H₂O で分解つまり加水分解されるとき、エネルギーが発生するだろ</u>」

「エネルギーの図で見るとわかりやすいにゃ！　上から下だにゃ」

「そうそう。そのときに発生するエネルギーで君は筋肉を動かしたり、さまざまな生命活動をしているんだよ」

「にゃんてこった！　ATPはめっちゃ重要にゃ！」

「そのとおり！　君は今しゃべったけど、かなりの量のATPを分解してADPにしてしまっているんだよ」

「ひぇ～、たくさん分解しているにゃ！　もうしゃべらないにゃ！」

「いやいや、しゃべらなくても、心臓が動いているでしょ？　心臓でもATPを分解してADPにしているんだよ。心臓止めてみる？」

「心臓は困るにゃ！　分解しすぎてウチのATPがなくなってしまう～」

「大丈夫。<u>からだの中にはADPとリン酸からATPにまた持ち上げてくれる奴がいるんだよ</u>」

「それは誰にゃ？」

「ふふっ。今は秘密じゃ。今回はATPとADPがわかればよろしい！」

「気になるにゃ！　かめちゃん教えてにゃ～」

「いや、私もそろそろATPをたくさん使って講義しなければ（くわしくは第13回でやるよ）。さらばじゃ！」

「ううぅ……。じゃあ、ウチはATPを温存しておくにゃ！」

> ✏️ **レベルアップ問題**
>
> リン酸4つから4リン酸ができる時の化学式を、構造がわかるように書いてみて！
>
> $$4H_3PO_4 \rightarrow 3H_2O + H_6P_4O_{13}$$

答え

$$4 \; \underset{OH}{\underset{|}{HO-\overset{\overset{O}{\|}}{P}-OH}} \rightarrow 3H_2O + \underset{OH}{\underset{|}{HO-\overset{\overset{O}{\|}}{P}}}-O-\underset{OH}{\underset{|}{\overset{\overset{O}{\|}}{P}}}-O-\underset{OH}{\underset{|}{\overset{\overset{O}{\|}}{P}}}-O-\underset{OH}{\underset{|}{\overset{\overset{O}{\|}}{P}}}-OH$$

四リン酸　tetraphosphoric acid

Ⅲ　核酸

第5回 プリンはおいしいにゃん！

分子の構造と機能

🐱「せんせー！　プリン好き？」

👦「そうだね。かぼちゃプリンが好きだな」

🐱「うにゃ！　ウチはプリンについているカラメルが大好きにゃ」

👦「カラメルは炭水化物だ！　まあ、そんなことはいいとして、私に何の用だ？」

🐱「生化学の先生が授業で変な名前のプリンをいってたから聞きにきたにゃ」

👦「変な名前のプリン？」

🐱「そうだにゃ。アデニンとかグアニンとか尿酸とかまずそうなプリンだにゃ。とくに尿酸プリンなんか超まずそうだにゃ！」

👦「尿酸プリン？　そんなもの痛風の人が食べたら死ぬぞ！　ちなみに、それは食べるプリンじゃないぞ。化学構造のことをいっているんだ」

🐱「そうだったにゃ？　食べるプリンじゃないプリンがあるにゃ？」

👦「食べるプリンは本当はプディングであって、プリンじゃないよ。プリンは次の構造をさすんだよ。プリンの仲間のピリミジンもついでに覚えなさい！」

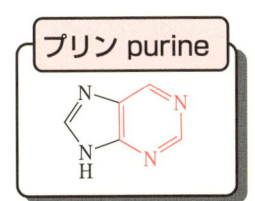

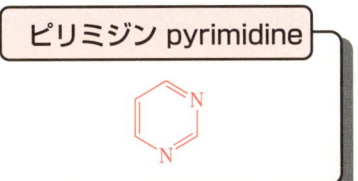

プリン purine	ピリミジン pyrimidine

第5回●プリンはおいしいにゃん！

🐱「構造を暗記しなきゃダメにゃ？」

🧑「ここは暗記しなくて大丈夫。それより、プリンとピリミジンの右側の**六角形**は同じだろう。**六角形に五角形がついたのがプリン**だ！」

🐱「本当にゃ。大きい方がプリンちゃん、小さい方がピーちゃんだにゃ！」

🧑「何と呼ぼうと勝手だが、ここでは構造の特徴をつかんでくれ！ このプリンとピリミジンの仲間を**プリン塩基**、**ピリミジン塩基**といって、生体内では大活躍するんだ」

🐱「プリンちゃんとピーちゃんの仲間はどんな子がいるにゃ？」

🧑「それはこっちを見ろ。重要なのは次の5つだ！」

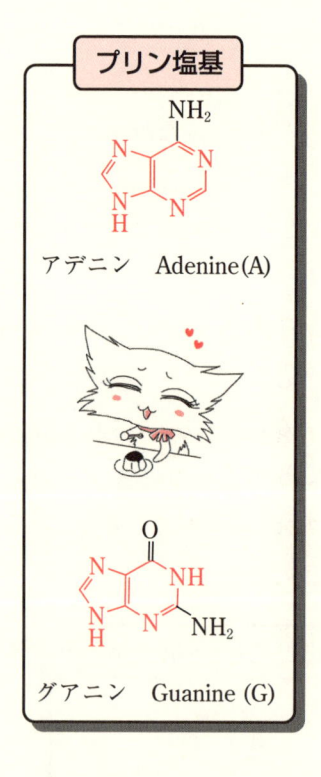

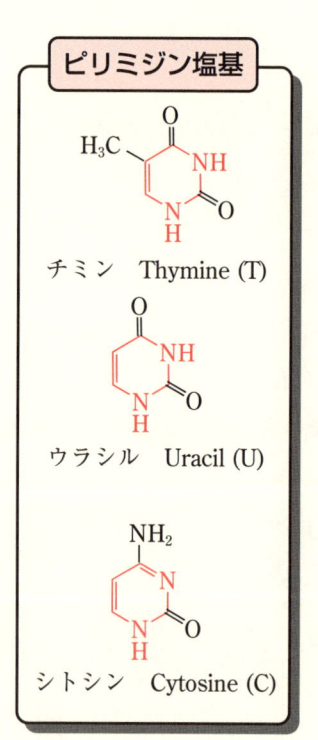

プリン塩基

アデニン　Adenine (A)

グアニン　Guanine (G)

ピリミジン塩基

チミン　Thymine (T)

ウラシル　Uracil (U)

シトシン　Cytosine (C)

🐱「わぁ、難しそうだけど、プリンとピリミジンの部分が赤くなっているからわかるような気がするにゃん」

👦「そうなんだ。細かい構造を暗記しようとするからイヤになるのだ。重要な部分がわかればよいのだ！」

🐱「ところでプリンやピリミジンは何に使われているにゃ？」

👦「この子達はリン酸と結合しているリボースとくっついて、ヌクレオチドを形成するんだよ」

🐱「ウチ、わかったにゃ。おりんとボスとプリンがセットでヌクレオチドにゃ！」

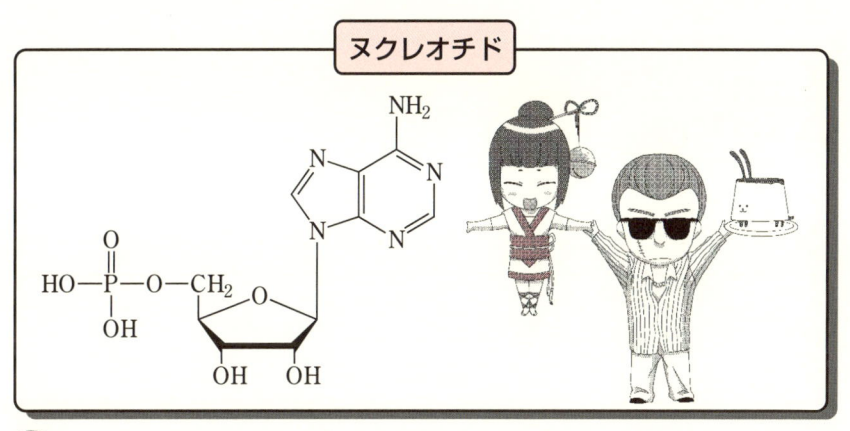

ヌクレオチド

👦「イメージ化するととってもわかりやすいだろう」

🐱「本当にわかるにゃ。専門書は読んでいると辛くなるけど、せんせーと話すと楽しいにゃ！　それにしても、おりん―リボース―プリンの絵はどっかで見たことあるにゃ」

👦「構造が理解できると、いろいろ気がつくことが増えてくるだろう！おりんがあと2人手をつなげば、君の好きな"あとぷ"だ！！」

第5回●プリンはおいしいにゃん！

```
┌─────────────────────────────────┐
│             ATP                 │
│                                 │
│      (イラスト)                  │
│                                 │
└─────────────────────────────────┘
```

🐱「本当だにゃ。おりんの人数が違うだけにゃ！」

👦「わかりやすいだろう。じつは、おりんが1人でも2人でも3人でもヌクレオチドというんだよ」

🐱「ヌクレオチドはいっぱいあるにゃ！」

👦「まとめてみると、すっきりするよ」

🐱「まとめて、まとめて♥」

👦「よし。まず、ヌクレオチドというのは次のように2つあるんだ！」

┌───┐
│   ┌─ リボヌクレオチド   │
│   ヌクレオチド ──┤   │
│   └─ デオキシリボヌクレオチド   │
└───┘

🐱「2つなら簡単だにゃ」

👦「リン酸とリボースの結合は同じで、例の塩基の種類によってこれだけの種類があるんだよ。AMPとかの略語の最後のPはリン酸（おりん）をさすんだが、リン酸（おりん）が何人いるかで表記が変わるよ！」

リボヌクレオチド　ribonucleotide

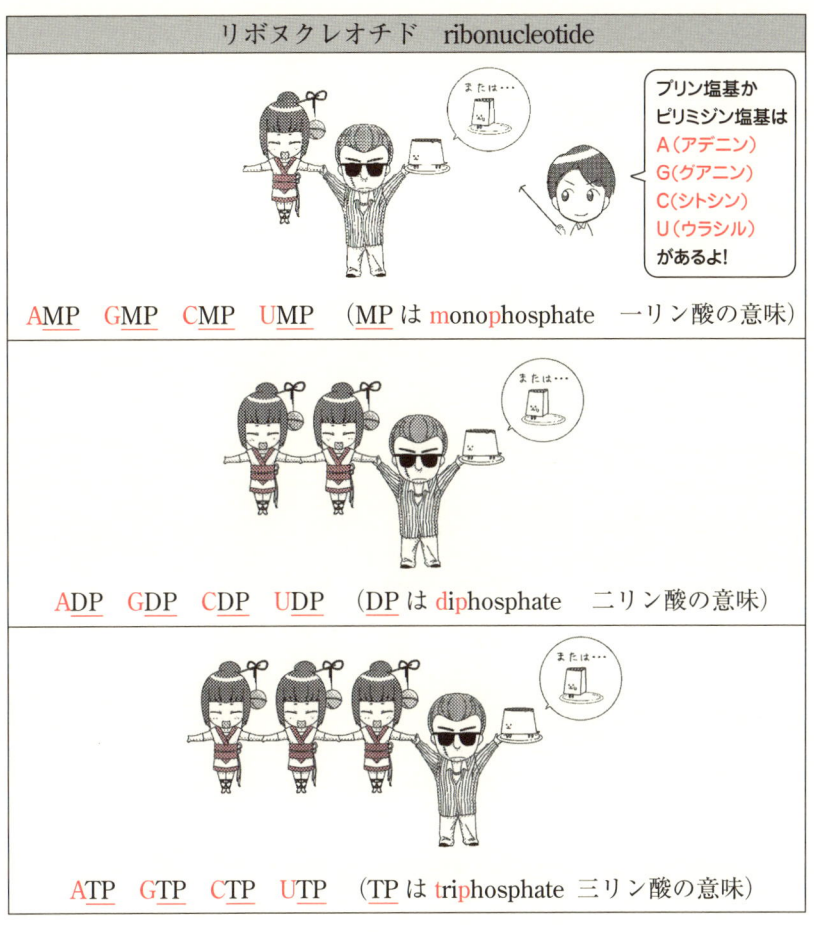

プリン塩基かピリミジン塩基は
A（アデニン）
G（グアニン）
C（シトシン）
U（ウラシル）
があるよ！

AMP　GMP　CMP　UMP　（MP は monophosphate　一リン酸の意味）

ADP　GDP　CDP　UDP　（DP は diphosphate　二リン酸の意味）

ATP　GTP　CTP　UTP　（TP は triphosphate　三リン酸の意味）

🐱「図に書いてあるにゃ。おりんが1人なら最後は MP、2人なら DP、3人なら TP だにゃ」

🧑「MP、DP、TP にも使われている Mono は1、Di は2、Tri は3って本当に重要でしょ！」

🐱「本当にゃ。それを覚えておけばだいぶ楽だにゃ！　でも、赤字の AGCU は何を表しているにゃ？」

🧑「だ〜か〜ら〜、塩基の種類だって。アデニンは A、グアニンは G、シ

第5回●プリンはおいしいにゃん！

トシンは **C**、ウラシルは **U** だよ！」

「ウチわかったにゃ！ 暗号が解けたにゃ」

「そうでしょ、そうでしょ。わかればおもしろいでしょ。もうひとついってみよう！」

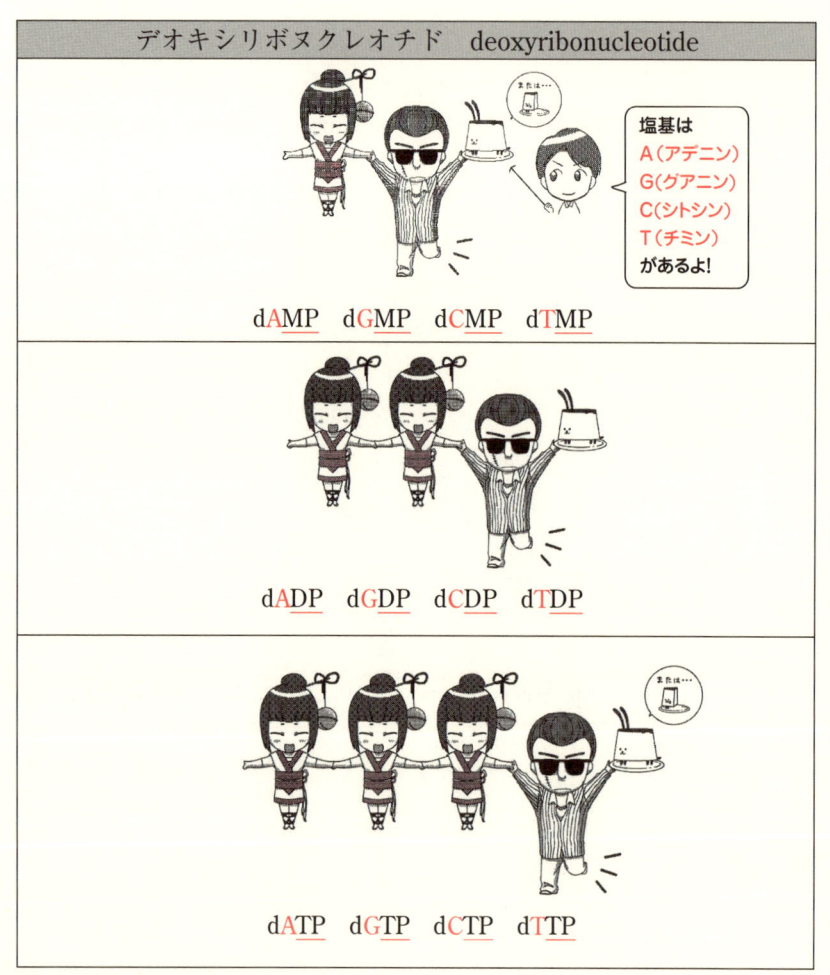

デオキシリボヌクレオチド　deoxyribonucleotide

塩基は
A（アデニン）
G（グアニン）
C（シトシン）
T（チミン）
があるよ!

d**A**MP　d**G**MP　d**C**MP　d**T**MP

d**A**DP　d**G**DP　d**C**DP　d**T**DP

d**A**TP　d**G**TP　d**C**TP　d**T**TP

「最初にある小文字の d はにゃ〜に？」

「イラストをよくみて。あれは、デオキシリボースの d だよ。リボース

をデオキシリボースにすれば、デオキシリボヌクレオチドになるよ！」

「感動にゃ。また頭がよくなってしまったにゃ」

「そうでしょ、そうでしょ。その調子で頑張りなさい」

「頑張るにゃ！」

レベルアップ問題

次のヌクレオチドを ATP のような記号で答えて！

1.

2.

3.

答え　**1.** GMP　**2.** UDP　**3.** dTTP（デオキシリボースであることに注意！）

第6回 核酸ってどんな酸にゃ？

🐱「せんせー！ 核酸って酸にゃ？」

👨「ほう、核酸が酸かどうか気になるのか？」

🐱「名前を酸といっているわりには、酸って感じがしないにゃ」

👨「たしかに、君が知っている塩酸や硝酸や硫酸といった酸とは違うんだよ。一番大きな違いは高分子であることだ」

🐱「何がくっついて高分子になったにゃ？」

👨「それは前回やったヌクレオチドだよ。ヌクレオチドは2つあったろう。リボースからできたリボヌクレオチドをもう一回見てみよう」

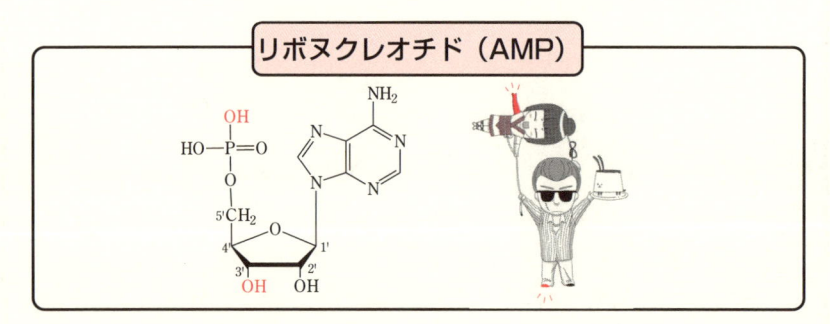

リボヌクレオチド（AMP）

🐱「これは、やったばっかりにゃ！ おりん―ボス―プリン（アデニン）のヌクレオチドにゃ。おりんは1人だからMPで、アデニンだからAMPにゃ！」

👨「すばらしい、本当にすばらしい！ かなりわかるようになったではないか」

🐱「照れるにゃ。でも赤い部分はにゃ～に？」

👨「以前、-OH は合体用の部分だといったが、これはヌクレオチドが結合

36　Ⅲ 核酸

する場所だ」

「赤い -OH の部分で合体するにゃ？」

「そうなんだよ。合体するときはこんな感じだよ」

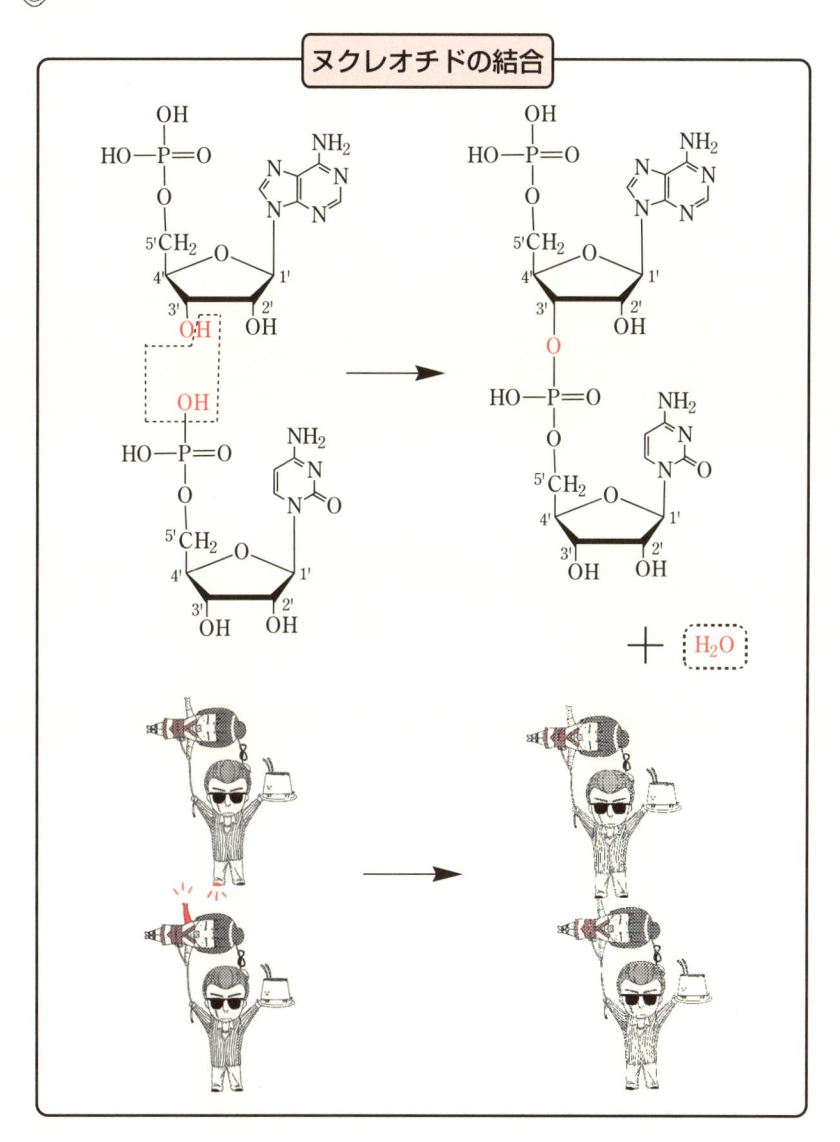

ヌクレオチドの結合

+ H_2O

第6回 ●核酸ってどんな酸にゃ？

🐱「本当に -OH は合体に使うにゃ！」

👦「そうなんだよ。これが繰り返されると、高分子になるんだよ！ 次の構造をみてごらん」

🐱「本当に長い分子だにゃ！」

👦「そのとおり。長い分子 = 高分子なんだよ。イラストを見ると、

- おりん - ボス - おりん - ボス - おりん - ボス - おりん -

という鎖に対して、ボスの 1' の炭素にプリンなどの塩基がついている感

じだとわかるだろう」

「そうだにゃん。でもにゃんで、これが核酸という酸にゃ？」

「それはね。おりんは -OH が1つ残っているだろう。-OH の H の部分が取れて H$^+$ になるから、酸なんだよ！ H$^+$ を出したらこんな感じだ」

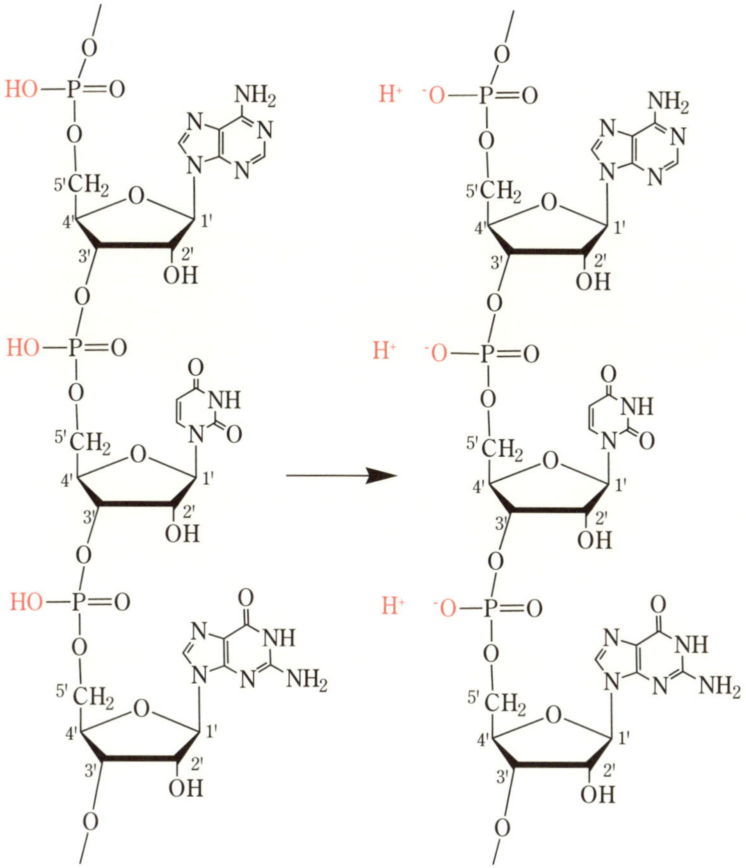

「これは！ おりんから H$^+$ が出てきているにゃ！」

「おりんは本当にいろいろな場所で活躍するんだよ。-OH を使っていろいろな分子を合体させたり、ある時は手裏剣のように H$^+$ を投げるんだ。まさに忍者だ！」

第6回●核酸ってどんな酸にゃ？

H⁺

🐱「おりん、すごすぎる！」
👦「これで、高分子の酸であるってことがわかったかい？」
🐱「ウチ、本当にわかったにゃん。楽しいにゃん！」
👦「そうか、よかった。ところで、核酸は2種類あるって知ってる？」
🐱「2種類？　核酸は細胞の核にある酸ではないにゃ？」
👦「だから、次の2種類があるんだよ！」

核酸 ─┬─ RNA　リボヌクレオチドからできている
　　　│　　　　（塩基はAUGC）
　　　└─ DNA　デオキシリボヌクレオチドからできている
　　　　　　　（塩基はATGC）

🐱「DNAって核酸にゃんだ」
👦「そうだよ。2重らせん構造をしている核酸だ」
🐱「それ聞いたことあるにゃ！」
👦「よし、では"なぜ2重なのか？"までマスターしよう」
🐱「わかったにゃん！」

🧑「まずは、DNA を構成する塩基はプリン塩基の A と G、ピリミジン塩基の T と C だね。じつはこの 4 つの塩基は、仲良しペアがあるんだ」

🐱「仲良しペア？」

🧑「**水素結合**という弱い結合を作ってペアになるんだ！ 水素結合の数が違うんだよ。これと次のページを見れば、一目瞭然だよ！」

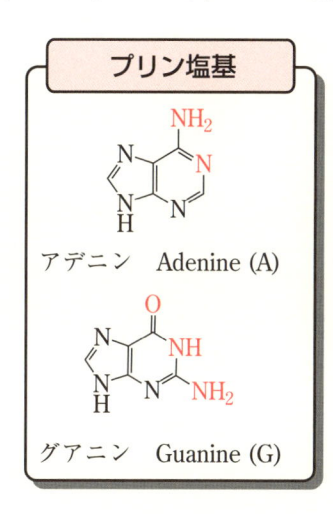

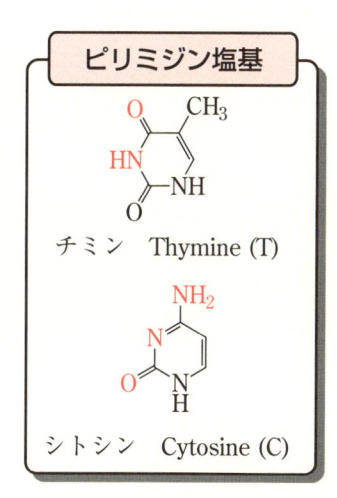

プリン塩基

アデニン　Adenine (A)

グアニン　Guanine (G)

ピリミジン塩基

チミン　Thymine (T)

シトシン　Cytosine (C)

🐱「プリンちゃんとピーちゃんから何か耳みたいなものが出ている！」

🧑「その耳みたいな部分が、水素結合という弱い結合をする部分なんだ！ 上の構造式では赤くなっている部分だよ」

🐱「ペアは必ず、プリンちゃんとピーちゃんにゃんだ。かわいいにゃ！」

🧑「そうだよ。それに結合する耳の本数によって、ペアが決まっているんだよ。ペアは **A-T**、**G-C** で"あっと、ぐっち"で覚えてね！」

🐱「ペアになっている所が見たいにゃ」

🧑「そうだね、イラストで見るとわかりやすいよ」

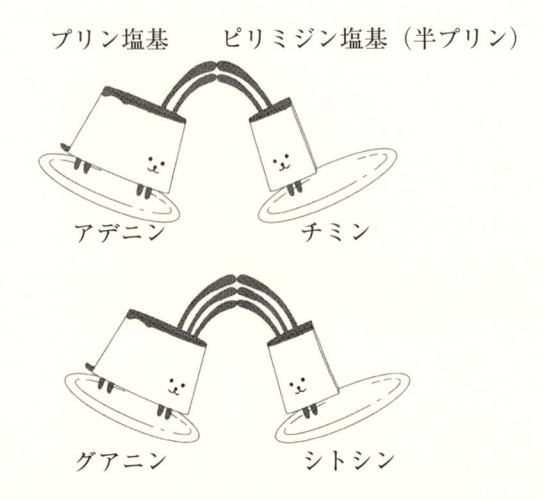

プリン塩基　　ピリミジン塩基（半プリン）

アデニン　　　　チミン

グアニン　　　　シトシン

「これはわかるにゃ！」

「そうでしょ。2本の鎖は真ん中が水素結合することでらせん構造を保っているんだよ！　らせんの真ん中の水素結合の部分だけ化学式を見せるとこんな感じだよ」

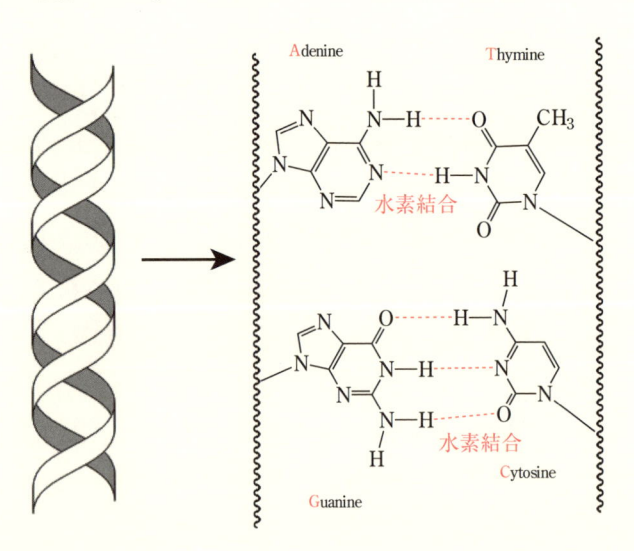

🐱「イラストがあって、本当に助かったにゃ。DNAの構造って本当におもしろい！」

🧑「複雑なものほど、わかった時の喜びは大きいんだよ。でも理解できると、核酸の構造の美しさに感動するでしょ」

🐱「感動だにゃ！」

🧑「その調子、その調子」

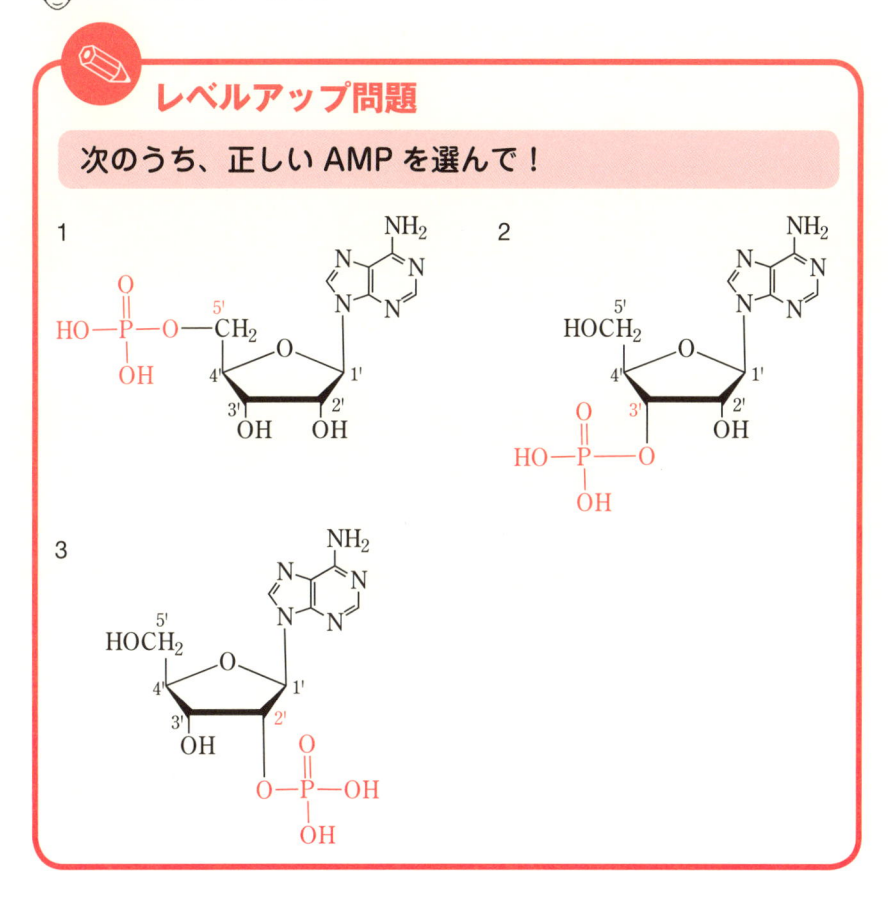

レベルアップ問題

次のうち、正しい AMP を選んで！

1

2

3

答え　1

第6回●核酸ってどんな酸にゃ？　43

Ⅳ アミノ酸

第7回 うまみ成分ってにゃんだ？

🐱「せんせー、ウチ、みそ汁が好きにゃんだけど、カツオだしってにゃ〜に？」

👤「カツオだしというのは、カツオ節を薄く削って、お湯に入れてそれを濾過したものだよ」

🐱「そうじゃなくて、成分を聞いているにゃ」

👤「なんで私が、みそ汁のだしの化学構造をネコに教えなきゃならないんだ」

🐱「ひどいにゃ、ネコだなんて！」

👤「ていうか、君はネコでは？ まあやる気があるなら教えよう。君の好きなネコまんま、いや味噌汁のカツオだしだが、こんな化学構造のものが入っているんだ」

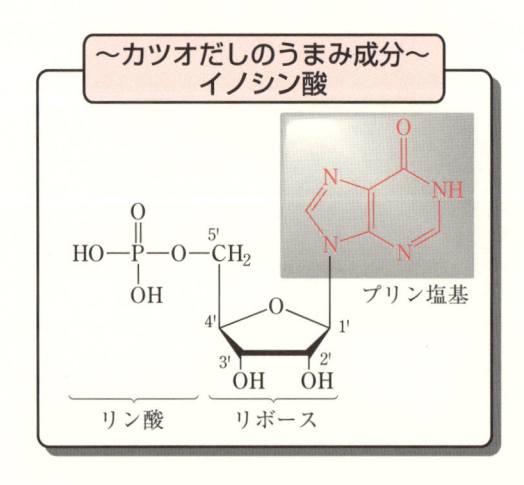

〜カツオだしのうまみ成分〜
イノシン酸

リン酸 — リボース — プリン塩基

🐱「これは、アデニンとリボースとリン酸のヌクレオチドにゃ。**アデニンモノフォスフェート**だから **AMP** だにゃ。我ながら天才だにゃ！」

👤「はずれー、惜しかったね。赤い部分はアデニンではないので、AMP ではないよ。でも AMP とほとんど構造は同じだね。AMP とはプリン塩基だけが異なる物質で、**イノシン酸**という物質だよ。これもヌクレオチドだよ！」

🐱「ウチはヌクレオチドをおいしいといっていたんだにゃ」

👤「そうなんだよ！ ところで、しいたけのだしは好きかい？」

🐱「ウチはカツオのほうがいいのよ」

👤「いいから見なさい。これはしいたけのうまみ成分だよ！」

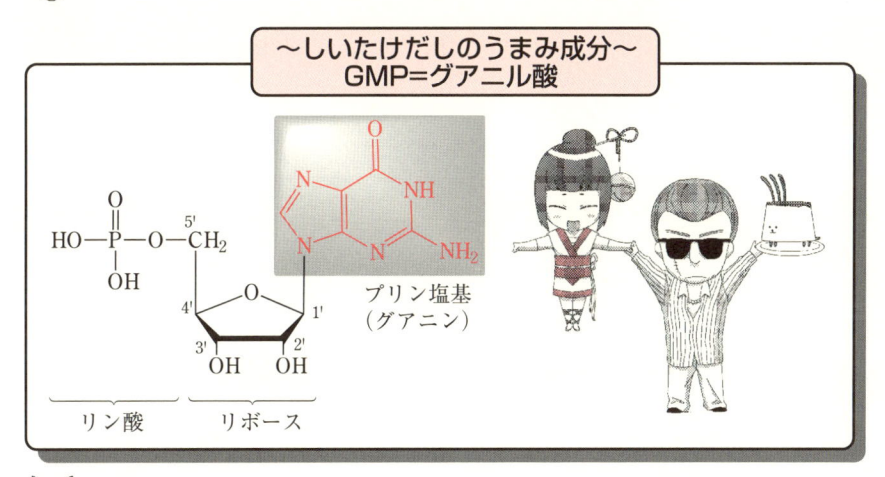

~しいたけだしのうまみ成分~
GMP＝グアニル酸

プリン塩基
（グアニン）

リン酸　リボース

🐱「これはまたヌクレオチドにゃ」

👤「そのとおりだ。赤い部分はグアニンだよ！」

🐱「じゃあ、今度こそ、リン酸とリボースとグアニンの GMP だにゃ！」

👤「大当たり。GMP はグアニル酸とも呼ばれているんだ。ヌクレオチドはおいしいんだね」

🐱「びっくりだにゃ。じゃあ GMP の結晶を"しいたけ GMP スペシャル"

🐱「として売ればいいにゃ」
👦「そんなこと考える前にもっと勉強しなさい。あるいはしいたけを売りなさい」
🐱「ウチ、発見したにゃ。だしの成分はヌクレオチドだにゃ！」
👦「いやいや、全部ヌクレオチドではないんだよ。有名なだしのいわゆる"うまみ"はおもに2種類あるんだよ」
🐱「教えてにゃ！」
👦「よしよし、これだ！」

だしの"うまみ"成分

1. 核酸系…いわゆるヌクレオチド
　（例）　イノシン酸（IMP）、グアニル酸（GMP）
2. アミノ酸…タンパク質が分解して生成するもの
　（例）　グルタミン酸

🐱「アミノ酸ってにゃ〜に？」
👦「アミノ酸とは化学物質の名称だが、一般に次のような構造をもっているよ！」

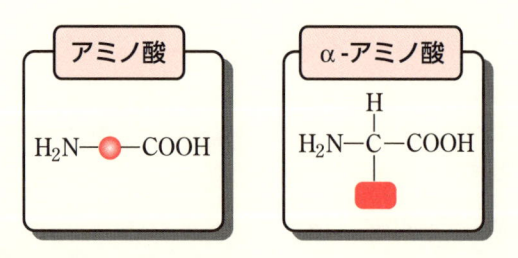

アミノ酸	α-アミノ酸
$H_2N-●-COOH$	$H_2N-\underset{\blacksquare}{\overset{H}{C}}-COOH$

🐱「●や■の部分はにゃーに？」
👦「赤い部分はいろいろな構造があるんだが、自然界のアミノ酸はα-アミノ酸が多いんだよ」
🐱「これを見てもどんな特徴があるか、ウチわからないにゃ〜」

「一般に分子の中にプラスとかマイナスとかの部分があると水に溶けやすいんだが、このアミノ酸は水に溶けやすいんだよ」

「どこもプラスやマイナスになってないにゃ！」

「ヌクレオチドは手裏剣（H^+）を出してマイナスのイオンになるけど、アミノ酸は -COOH の H を移動させてイオンになるんだよ！」

ヌクレオチド（イノシン酸）のイオン化

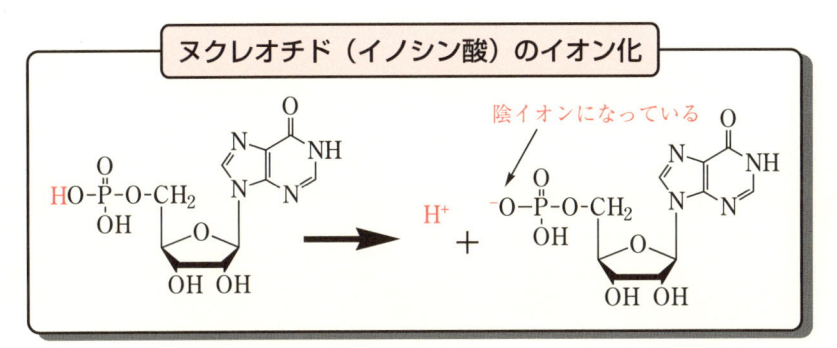

陰イオンになっている

アミノ酸のイオン化

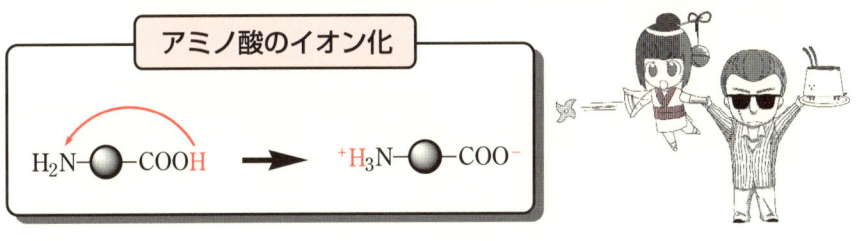

$H_2N-\bullet-COOH \rightarrow {}^+H_3N-\bullet-COO^-$

「わかったにゃ！　イオンになって溶けるからダシになるにゃ」

「そうそう。アミノ酸もおいしいのだ！」

「ウチ、アミノ酸の生化学的な特徴も知りたいにゃん」

「そうだな〜、最大の特徴の１つは"合体しまくる"ってことかな」

「にゃんで？」

「以前に合体用のグループの話をしただろう。その中に -NH₂ と -COOH があるのだ。その２つのグループ（基）を持っているから合体しまくるのだ！」

「なんだかわかってきたにゃ」

第7回 ●うまみ成分ってにゃんだ？

🧑「そうだろう。2つのアミノ酸が合体する反応は書いてみたら簡単だよ！」

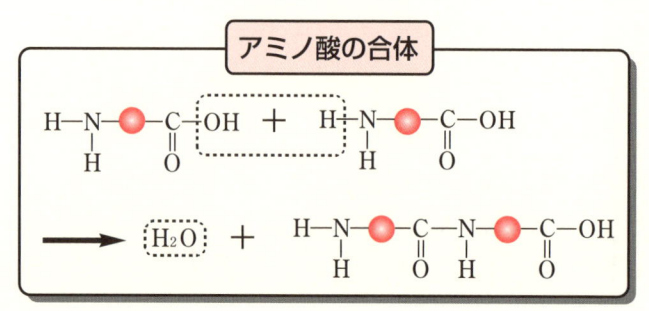

```
          アミノ酸の合体

   H-N-●-C-OH  +  H-N-●-C-OH
     |   ‖            |   ‖
     H   O            H   O

  →  H₂O  +  H-N-●-C-N-●-C-OH
                |   ‖ |       ‖
                H   O H       O
```

🐱「合体するにゃ！」

🧑「合体した部分は**ペプチド結合**というんだよ。これは覚えるんだよ！」

🐱「聞いたことあるにゃ。そのくらいなら覚えられるにゃ！」

```
   H-N-●-C-N-●-C-OH
     |   ‖ |       ‖
     H   O H       O
         └─┘
       ペプチド結合
```

🧑「α-アミノ酸がペプチド結合によって合体しまくったものがタンパク質なんだよ」

🐱「え～！ タンパク質はアミノ酸の合体でできたにゃ？」

🧑「そうだよ。今日知ったのか？ ていうかどうやって入試を通過したんだ？」

🐱「ウチ、受験のときよりかなり利口になってきたにゃん。じゃあ、タンパク質を分解したらアミノ酸ができるにゃ？」

🧑「そうだって。大学受験というか、中学校でもやったでしょ！」

🐱「感動！」

🧑「うーん、私を完全に無視しているな。まあいい、わかればよいのだ！ タンパク質はアミノ酸が合体して、分子が大きすぎるから、舌の上の味を感じる部分がキャッチできないんだよ」

「小さな分子はキャッチできるにゃ？」

「そのとおり。小さな分子、つまり、アミノ酸はキャッチできるんだよ。つまり味があるわけだ」

「アミノ酸はどんな味にゃ？」

「昆布だしは、**グルタミン酸**というアミノ酸だよ。こんな構造だ」

~昆布だしのうまみ成分~
グルタミン酸

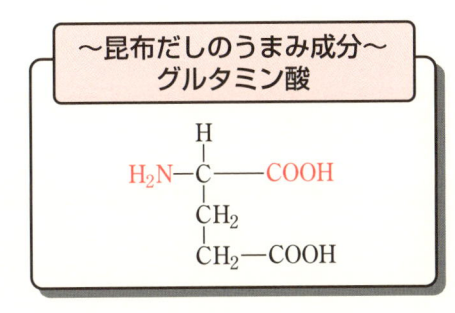

$$H_2N-\underset{\underset{CH_2-COOH}{CH_2}}{\overset{H}{C}}-COOH$$

「ウチはカツオだしが好きで、昆布だしの味はよくわからないにゃん」

「昆布茶は飲んだことないのか？」

「おばあちゃんは飲んでいたけど、ウチは都会人だから飲まないにゃ」

「それでは、生のキュウリは食べるか？」

「それは塩的なものをかけて食べると美味しいにゃん」

「塩的？　それは食塩ではないのか？」

「食塩のときもあるけど、味の素っていうのがあるにゃ。せんせーはあんまり知らないでしょ」

「アホかー！　その味の素にグルタミン酸が入っているのじゃー！」

「え〜、じゃあウチはキュウリに昆布だしをかけて喜んでいたにゃ？」

↑味の素の山

第7回●うまみ成分ってにゃんだ？

🧑「そうだ！ いったろ、昆布だしはおいしいのじゃ。大抵のものに合わせやすいすばらしい調味料だから"味の素"なのであろう！」

🐱「生化学って本当～におもしろいにゃ！」

🧑「よしよし、わかったら早く帰って、ネコまんまにしいたけと昆布でも入れて食べなさい」

🐱「は～い、ありがとうにゃん！」

レベルアップ問題

しいたけのだしのうまみ成分であるグアニル酸（GMP）の構造で、電離する水素イオンの部分を赤で囲んで！

答え

V　脂質

第8回　アシルってよく聞くにゃ？

分子の構造と機能

「せんせー、アシルって知ってる？」

「そんなものは、君が好きなウィキペディアで調べたらよかろう」

「もう、冷たいにゃ。それにウチ、タグとかダグのことも知りたいにゃ」

「それもウィキペディアに載っているよ」

「せんせーはウィキペディアが好きにゃ！」

「うるさい！ なぜ、私が辞書の代わりをやらにゃあかんのだ。確かにウィキペディアには外国語の選択肢に"猫語"がないが、なんとか訳したらどうなんだ。猫用検索エンジンとかもないのか？ ニャーグルとかニャフーとか」

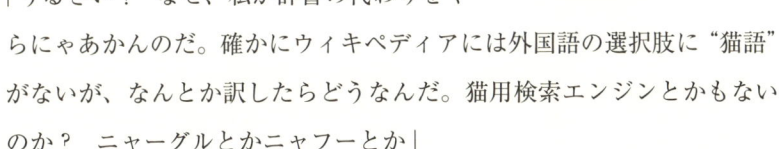

「そんな変な検索エンジン聞いたことないにゃん。それに、辞書はそのことしか書いてないにゃん。ウチは関連が知りたいにゃ」

「確かに関連は辞書ではわかりづらいかも知れんな」

「だから、お♥し♥え♥て♥」

「しょうがないな、ではまずカルボン酸を覚えなさい。-COOH から -OH を取った構造が Acyl group つまりアシル基だよ！」

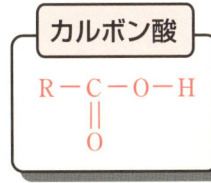

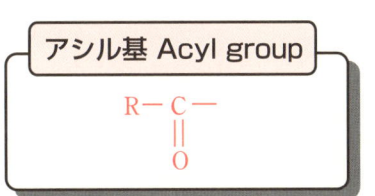

カルボン酸	アシル基 Acyl group
R－C(=O)－O－H	R－C(=O)－

🐱「アシル基は簡単だにゃ。ありがとうにゃ」

👦「おい、待て。関連が知りたいのではなかったのか？」

🐱「そうだったにゃ、関連だにゃ！」

👦「アシル基は一般名詞であって、いろいろなものがあるんだよ。炭素数の比較的少ないものでいえば次のようなものがあるよ！」

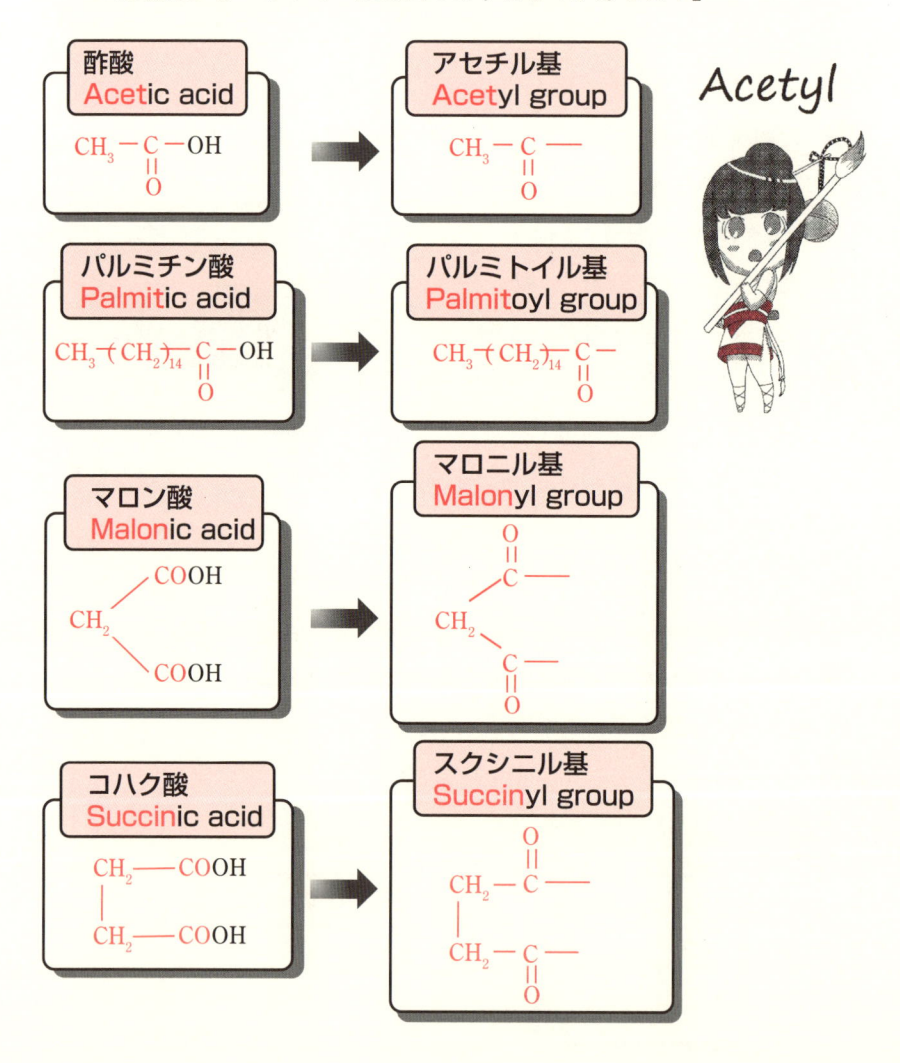

酢酸 Acetic acid	アセチル基 Acetyl group
$CH_3-\underset{\underset{O}{\|\|}}{C}-OH$	$CH_3-\underset{\underset{O}{\|\|}}{C}-$

Acetyl

パルミチン酸 Palmitic acid	パルミトイル基 Palmitoyl group
$CH_3-(CH_2)_{14}-\underset{\underset{O}{\|\|}}{C}-OH$	$CH_3-(CH_2)_{14}-\underset{\underset{O}{\|\|}}{C}-$

マロン酸 Malonic acid	マロニル基 Malonyl group
$CH_2\genfrac{}{}{0pt}{}{\diagup COOH}{\diagdown COOH}$	$CH_2\genfrac{}{}{0pt}{}{\diagup C(=O)-}{\diagdown C(=O)-}$

コハク酸 Succinic acid	スクシニル基 Succinyl group
$\begin{array}{l}CH_2-COOH\\ \|\\ CH_2-COOH\end{array}$	$\begin{array}{l}CH_2-C(=O)-\\ \|\\ CH_2-C(=O)-\end{array}$

「アセチルってよく聞くにゃ。酢酸から -OH を取ったからって、酢ニル基にはならへんのね」

「そうなんだよ。コハク酸からコハクイル基だったらわかりやすいんだけどね。横文字で覚えたら早いよ！ succinic acid から succinyl group だからね。そういうことは日本の事情だから、本には書いてないからね」

「やっぱりせんせーはウィキペディアより便利！」

「便利じゃない！ 自分でも勉強しなさい！ ところで、脂肪の分子にもこのアシル基がついているんだよ」

「そうだったにゃ！」

「君のおしりに無駄についている脂肪の中には、炭素数が多いアシル基があるんだよ」

「無駄ではないんにゃ！ でも何で炭素数が多いにゃ？」

「脂肪は、食事ができない時の保存用食品みたいなもので、たくさんの炭素をくっつけて保存しているんだよ」

「そうだったにゃ？」

「そうなんだよ。炭素数が多いことを高級というから、高級アシル基というよ。ちなみに炭素数が少ないのは低級というんだよ」

炭素数が多い ➡ 高級

炭素数が少ない ➡ 低級

高級　　　低級

「これは簡単だにゃん！」

「具体的に例を見てごらん」

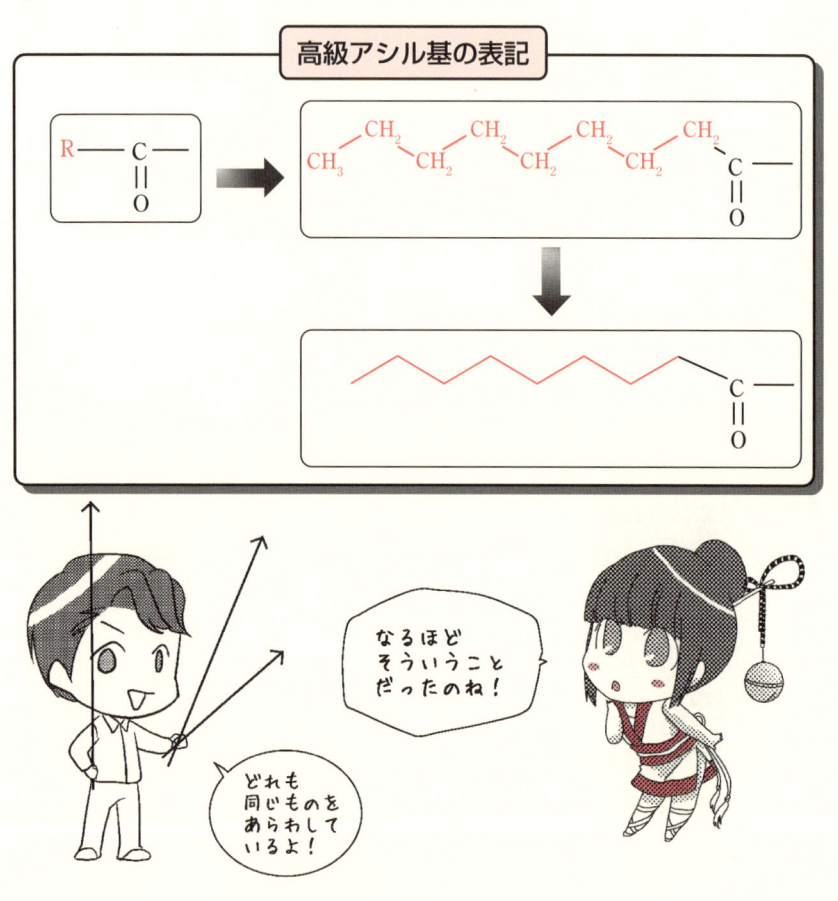

高級アシル基の表記

どれも同じものをあらわしているよ！

なるほどそういうことだったのね！

「高級アシル基は結構簡単だにゃん」

「そうなんだよ。この表記法で書いてみると、君のももについている無駄な脂肪は、次のようになるよ。ギザギザの炭素は長いものから短いものまであるよ！」

一般的な脂肪の構造

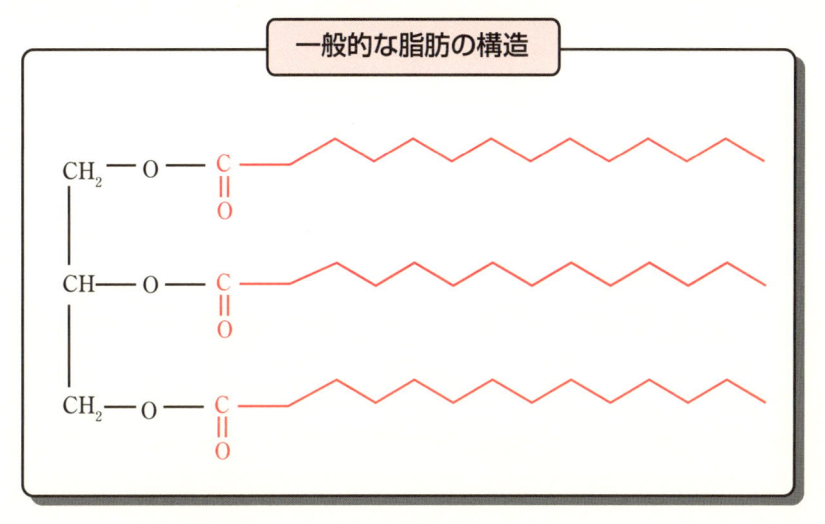

（ほら見て！赤い部分がアシル基だよ）

（うちの体にこれがあるにゃ！）

🐱「うう……こんな大きい奴がももにいるにゃん」

👦「ほらしっかり見て！ 構造は意外と簡単でおもしろいでしょ」

🐱「確かに構造はおもしろいけど、ももにたくさんあるにゃ……」

👦「ほらほら、そんなことはいいから。君のお腹にある無駄な脂肪をとって加水分解すると、次のようになるよ」

第8回●アシルってよく聞くにゃ？

脂肪の加水分解

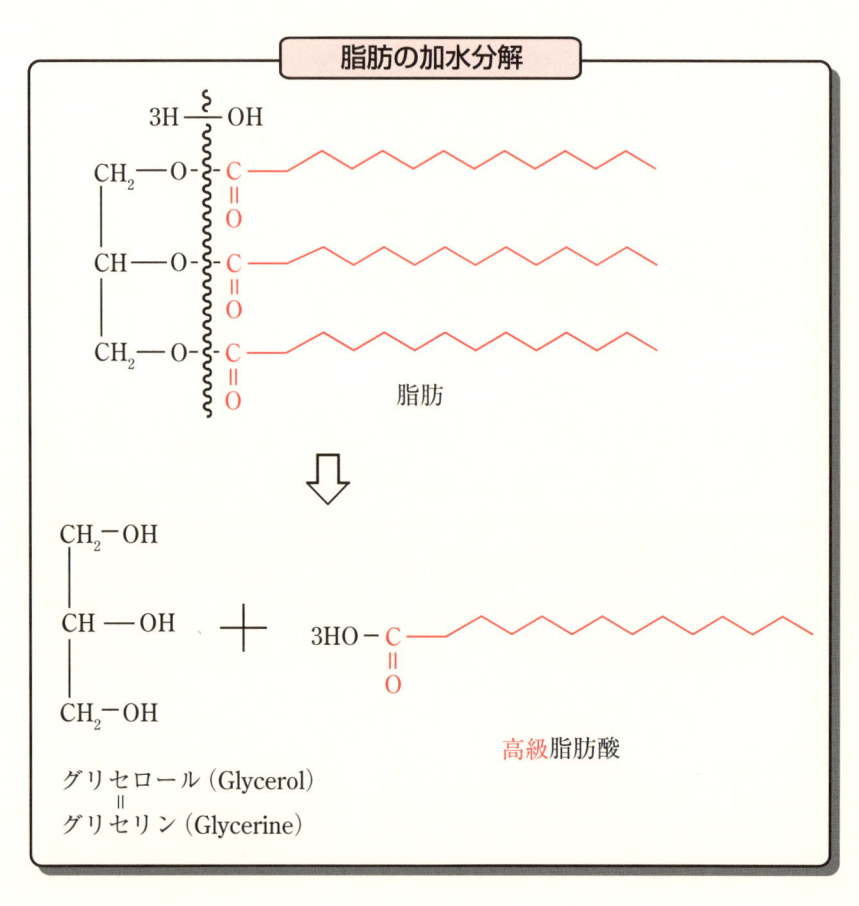

脂肪

グリセロール (Glycerol)
＝
グリセリン (Glycerine)

高級脂肪酸

脂肪から出来る酸だから脂肪酸なのにゃ

＜理想＞　　＜現実＞

こんなんがおなかにあるにゃ

🐱「確かに、お腹にも脂肪があるにゃん……」
👨「脂肪を分解すると、グリセロール（グリセリン）と脂肪酸になるんだよ！」
🐱「こんなものがお腹にあるにゃんて……」
👨「君はアシル基と脂肪の関連が知りかったんではないのか？」
🐱「脂肪なんていってないにゃん」
👨「いや、いった！　脂肪の構造をもう一回見てみなさい！」

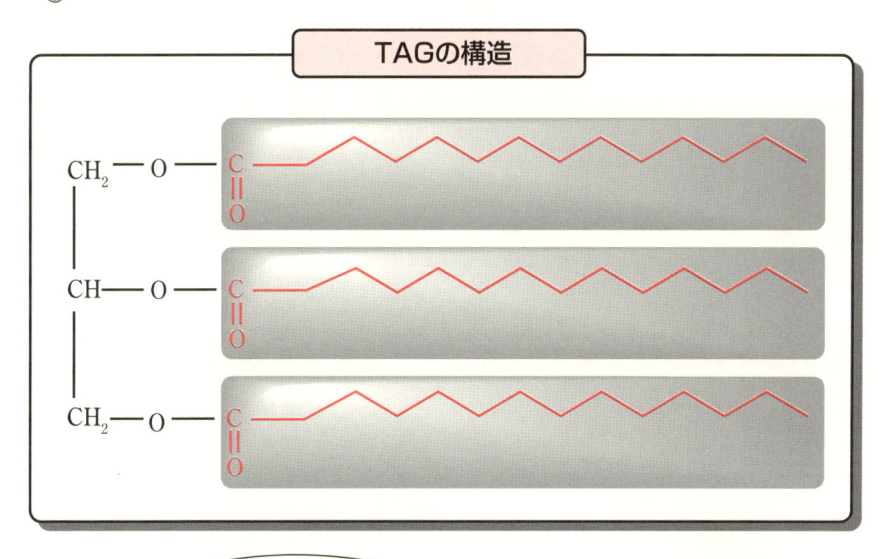

TAGの構造

$$CH_2-O-C(=O)-\text{(脂肪酸鎖)}$$
$$CH-O-C(=O)-\text{(脂肪酸鎖)}$$
$$CH_2-O-C(=O)-\text{(脂肪酸鎖)}$$

tri<u>acyl</u>glycerol
（トリアシルグリセロール）
つまり、3つのアシル基がついた
グリセロールでTAGと表記するよ！

第8回●アシルってよく聞くにゃ？

「これはタグにゃ！」

「タグというかティーエージーだが、まあよい。ちなみに、自然界の脂肪の中には TAG だけではなく、DAG も数パーセント含まれているんだよ。見てごらん」

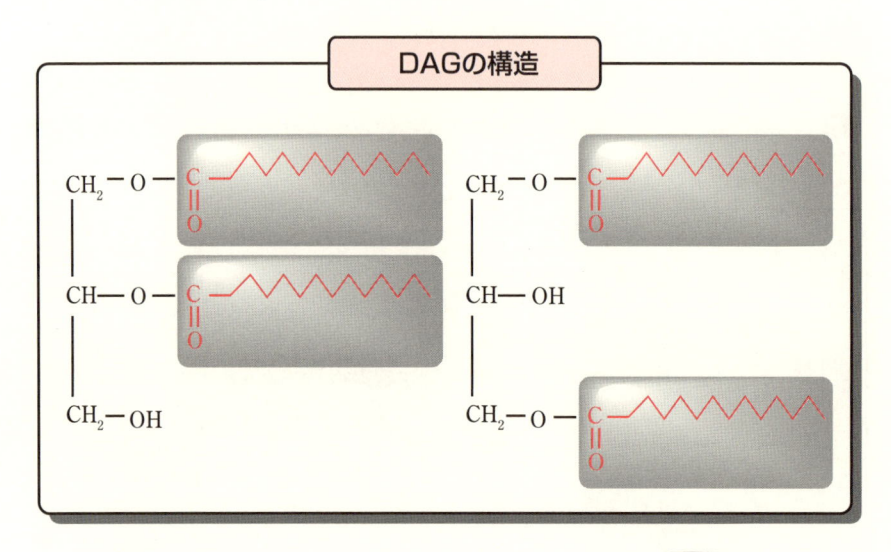

DAGの構造

$CH_2-O-\overset{O}{\underset{\|}{C}}-$ ～～～～～

$CH-O-\overset{O}{\underset{\|}{C}}-$ ～～～～

CH_2-OH

$CH_2-O-\overset{O}{\underset{\|}{C}}-$ ～～～～

$CH-OH$

$CH_2-O-\overset{O}{\underset{\|}{C}}-$ ～～～～

これは diacylglycerol（ジアシルグリセロール）

つまり、2つのアシル基がついたグリセロールでDAGにゃ！

「関連もわかってしまったろう。脂肪の構造も完全にマスターしたね！」
「ウチ、結構わかったにゃ！」

レベルアップ問題

次のA、B、Cの物質名を答えて！

A
$$\begin{array}{l} CH_2-O-\underset{\underset{O}{\|}}{C}-CH_3 \\ CH-O-\underset{\underset{O}{\|}}{C}-CH_3 \\ CH_2-O-\underset{\underset{O}{\|}}{C}-CH_3 \end{array}$$

B
$$\begin{array}{l} CH_2-O-\underset{\underset{O}{\|}}{C}-CH_3 \\ CH-OH \\ CH_2-O-\underset{\underset{O}{\|}}{C}-CH_3 \end{array}$$

C
$$\begin{array}{l} CH_2-O-\underset{\underset{O}{\|}}{C}-(CH_2)_{14}-CH_3 \\ CH-O-\underset{\underset{O}{\|}}{C}-(CH_2)_{14}-CH_3 \\ CH_2-O-\underset{\underset{O}{\|}}{C}-(CH_2)_{14}-CH_3 \end{array}$$

答え　A：トリアセチルグリセロール（triacetylglycerol）
　　　B：ジアセチルグリセロール（diacetylglycerol）
　　　C：トリパルミトイルグリセロール（tripalmitoylglycerol）

第9回 脂肪と脂質はちがうにゃ？

🐱「せんせー、脂肪と脂質は同じものにゃ？」

👨「たまにはよい質問をするね。脂肪は君のお腹に無駄についているやつで、血液検査をすると"中性脂肪"と書かれているやつだよ。化学構造は教えた通り、トリアシルグリセロール（Triacylglycerol）で通称、**TAG** とか **TG** と訳されるよ」

🐱「前回やったにゃ！」

👨「そもそも、脂肪というとどんな性質を思い出すかね？」

🐱「それは、やっぱり……、太るってこと？」

👨「そ〜れ〜は〜、君の個人的な事情で、化学的な性質ではないでしょ」

🐱「じゃあ、水に溶けないってことかにゃ」

👨「そのとおり。脂質や脂肪といったらまず第一に思い出して欲しいのは、水に溶けないってことだ！　油が水に浮く絵でイメージしなさい」

🐱「わかったにゃ」

👨「次に水の化学式は覚えているかい？」

🐱「そのくらいウチでもわかるにゃ。H_2O だにゃ！」

👨「そのとおり、今日は調子がいいな。H_2O の構造について、もう一歩踏み込んで知ってほしいことがるから、これを見なさい！」

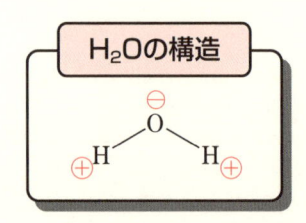

H_2O の構造

$$H^{\oplus} - O^{\ominus} - H^{\oplus}$$

「これは、水の構造だにゃ！」

「そうだな。水分子の構造は二等辺三角形でかつプラスやマイナスに帯電しているから、＋や－に帯電したイオンと仲良しなんだよ！ 次の絵を見てごらん」

油に溶ける ＝ **脂溶性** ＝ **疎水性**
　　　　　→ **脂質**（**脂肪**を含む）

水の仲間 ＝ **水溶性**
　　　　→ イオンに多い

「この図はわかりやすいにゃ！」

「そうだろう。**脂質**（Lipid）とは生体内の物質で水に溶けないものだよ。逆にいえば、油に溶けるものだともいえるんだよ！」

「脂肪は**脂質**の中の1つってわけにゃ？」

「そう、**脂質**（Lipid）にはいろいろあるよ。ちなみに脂質の分解酵素を**リパーゼ**（Lipase）というが、高校生物でもやるんじゃないのか？」

「やったにゃん。ただ暗記してたけど、LipidだからLipaseにゃんだ〜、感動！」

第9回●脂肪と脂質はちがうにゃ？

「そうだよ。それにビタミンだって、水溶性と脂溶性があるの知っているかい？」

「聞いたことあるにゃん」

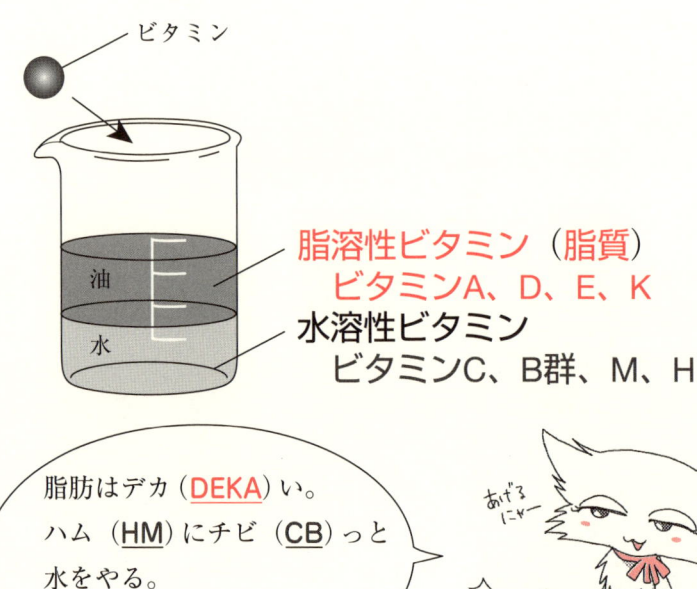

ビタミン

脂溶性ビタミン（脂質）
ビタミンA、D、E、K
水溶性ビタミン
ビタミンC、B群、M、H

脂肪はデカ（**DEKA**）い。
ハム（**HM**）にチビ（**CB**）っと水をやる。
と覚えるにゃん！

「脂溶性ビタミンは脂質の一種にゃんだ！」

「もちろん、そうだよ。一般には脂溶性ビタミンはとりすぎると過剰症を引き起こしやすいから適量をとろうといわれているんだよ！」

「おもしろいにゃ！」

「脂溶性の生体物質つまり脂質は、食べても分解されにくい気がしないかい？」

「するにゃ！ ウチは天ぷらは、たくさん食べられないにゃ」

「脂質は図に表したように、水と混ざらないから、水と混ざるようにしないとからだの中で分解されないんだよ！」

「にゃんで、水と混ざる必要があるにゃ？」

「それは、分解酵素が水溶性だからだよ。だから、脂質を食べると、水に溶けた分解酵素と混ぜようとして、からだの中では水の中に油を混ぜる魔法の薬を使っているんだよ！」

「その魔法の薬は気になるにゃ」

「それは、**界面活性剤**というんだよ！」

「界面活性剤？」

「そうだな、わかりやすくいえば、水と油は仲の悪い男の集団と女の集団みたいなものだ。はっきり、真ん中に境界線ができてしまうだろ！」

「うんうん」

「そこに、界面活性剤を入れると、仲良くなるんだよ！」

「それはわかりやすいにゃん！」

第９回●脂肪と脂質はちがうにゃ？

「そうだろう。この仲人役が界面活性剤なのだが、この界面活性剤とは男の集団とも女の集団とも仲良くなければならないでしょ」

「そうだにゃ」

「だから、界面活性剤の分子は、男と仲のよい部分（**親水基**）、と女と仲のよい部分（**親油基**）の両方を持っているんだよ！」

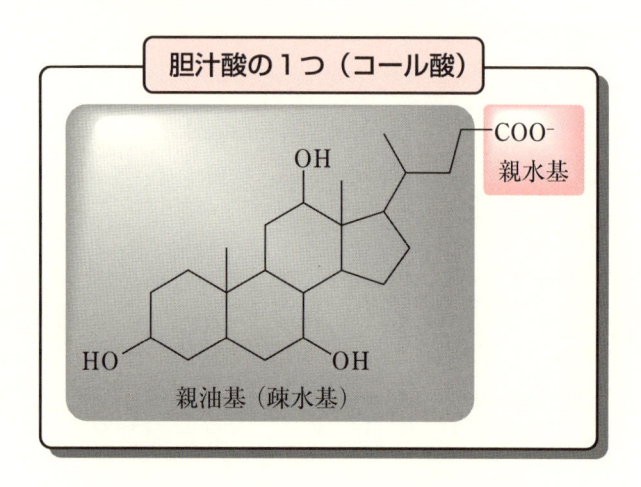

胆汁酸の1つ（コール酸）

COO⁻ 親水基

親油基（疎水基）

「親水基は、イオンになっている -COO⁻ の部分だよ。イオンになっていれば、水とは仲良しだと覚えてね！」

🐱「すごくわかりやすいにゃん。でもこの胆汁酸ってにゃ～に？」

👦「これは君が天ぷらを食べたときに、十二指腸の辺りで出てくる界面活性剤だよ！」

🐱「これが、ウチのからだにあるにゃ？」

👦「そのとお〜り。つまり、君が油を飲むと、消化酵素とはビーカーの中のように分離してしまって、混ざらないでしょ！ それを混ぜる役割をしているのが、この**胆汁酸**つまり**界面活性剤**なんだよ！！」

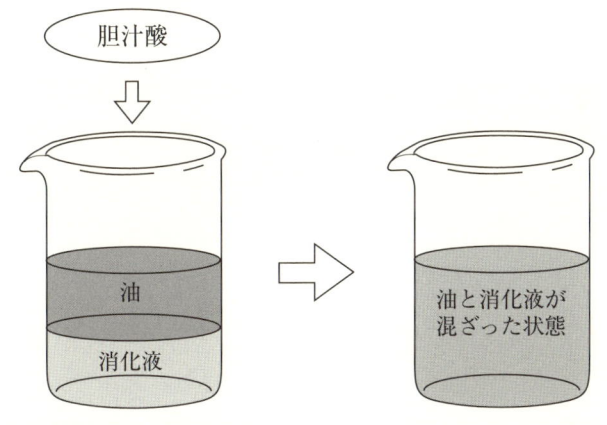

```
       胆汁酸
         ↓
   ┌─────┐         ┌─────┐
   │ 油   │   →    │油と消化液が│
   │消化液│         │混ざった状態│
   └─────┘         └─────┘
```

🐱「界面活性剤、すごいにゃ。感動だにゃん！」

👦「胆汁酸は肝臓でつくられて、胆嚢に溜められているのは知っているでしょ。肝臓を大切にするんだよ」

🐱「わかったにゃん」

レベルアップ問題

次の界面活性剤の親水基を赤くして！

1.  ～～～～COO$^-$

2.  ～～～～O-SO$_3^-$

3. トリアシルグリセロール型リン脂質（ホスファチジルコリン）構造

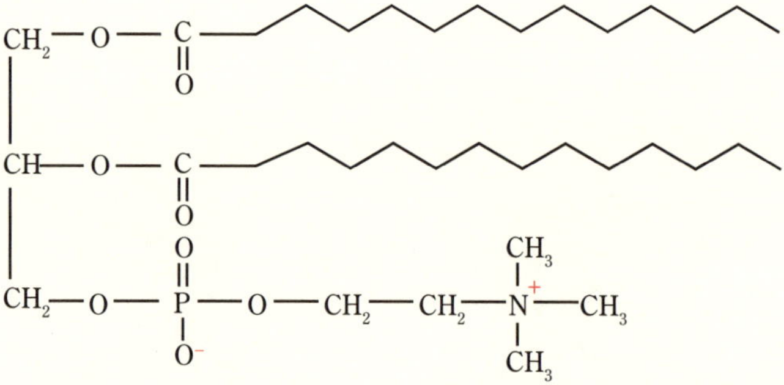

答え

1.  ～～～～**COO$^-$**

2.  ～～～～**O-SO$_3^-$**

3. ホスホコリン部分（—O—P(O$^-$)(=O)—O—CH$_2$—CH$_2$—N$^+$(CH$_3$)$_3$）が親水基

66　V 脂質

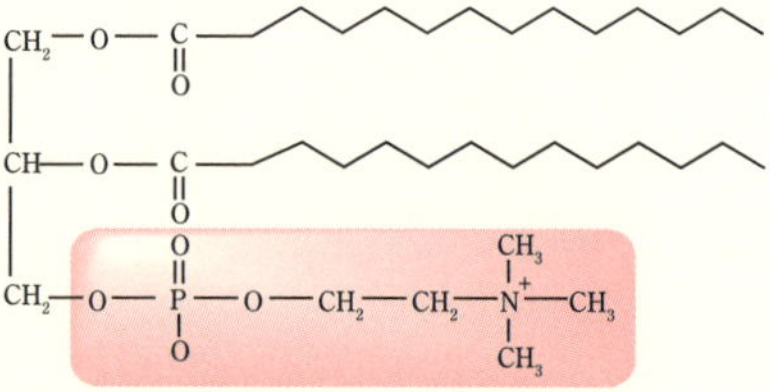

第10回 お肌の保湿にはセラミドにゃん！

分子の構造と機能

🐱「せんせー。ウチ、最近、肌が荒れているにゃ」

👤「毛がありすぎてわからないから、問題ないと思うが」

🐱「女心がわかってないにゃ！ それじゃ、モテないにゃ」

👤「それなら、肌に油でも塗ったらいいじゃないか」

🐱「にゃんで肌に油を塗れば解決にゃ？」

👤「それは前回やった通り、脂質は水に溶けないから、肌に塗れば、肌の上に油の膜が出来て水分が蒸発しなくて済むだろう！」

```
                          脂質の膜
      肌      ⇒         肌
```

🐱「それじゃあ、常に脂質を塗っておかなくては乾燥するにゃ！」

👤「まだ若いのに、何をおっしゃるお客さん」

🐱「にゃんで若さが関係あるにゃ？ 塗らなきゃダメじゃないにゃ？」

👤「多くの細胞にとって、乾燥は恐怖なんだよ。だから、高等生物は乾燥を防ぐための防御システムを持っているんだよ」

🐱「じゃあ、天然の脂質が細胞から出ているにゃ？」

👤「そうなんです、お客さん。天然ものがあるんですよ！」

🐱「せんせーは何かデパートでバイトしている気がするにゃ」

👤「それより、天然の脂質には興味がないのか？」

🐱「興味あるにゃ」

「そうだろう。ではまず、脂質の分類からスタートだ！」

「分類するにゃん！」

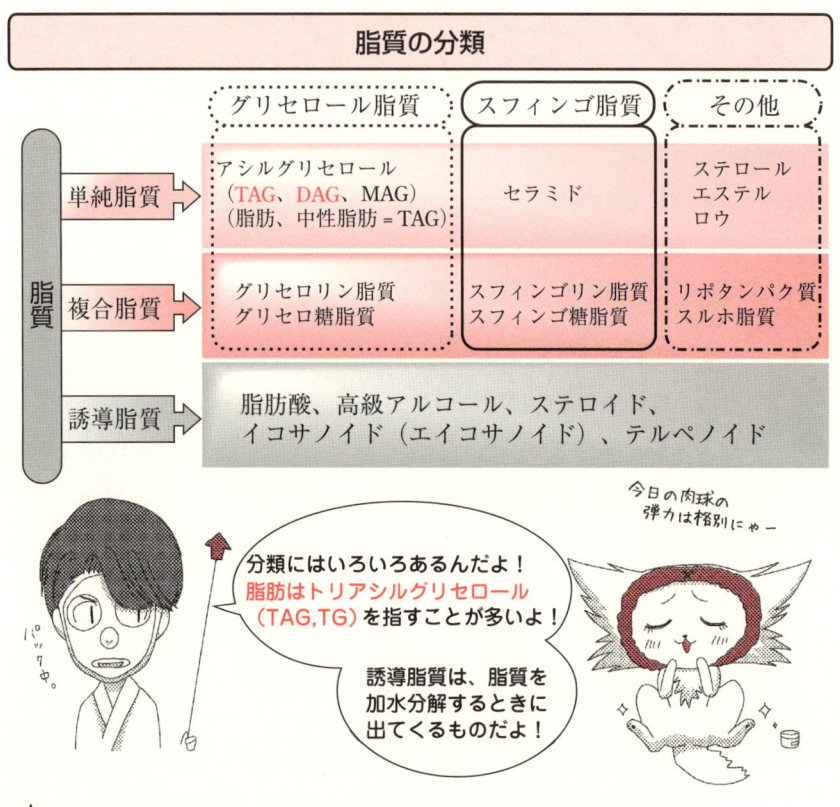

脂質の分類

	グリセロール脂質	スフィンゴ脂質	その他
単純脂質	アシルグリセロール（TAG、DAG、MAG）（脂肪、中性脂肪＝TAG）	セラミド	ステロールエステルロウ
複合脂質	グリセロリン脂質 グリセロ糖脂質	スフィンゴリン脂質 スフィンゴ糖脂質	リポタンパク質 スルホ脂質
誘導脂質	脂肪酸、高級アルコール、ステロイド、イコサノイド（エイコサノイド）、テルペノイド		

分類にはいろいろあるんだよ！
脂肪はトリアシルグリセロール（TAG, TG）を指すことが多いよ！

誘導脂質は、脂質を加水分解するときに出てくるものだよ！

今日の肉球の弾力は格別にゃー

「ウチ、知ってるのある。TAG、DAG 知っているにゃん！」

「すばらしい、第8回で学んだ一番重要な脂質だね。TAG や DAG を加水分解したら脂肪酸（誘導脂質）ができるから、それもわかるじゃないか」

「そうだにゃ。ウチもなかなかやるにゃん！」

「アホか、自分でいうな。それより、お肌を守る脂質に興味はないのか？」

「それだったにゃ。何かママも持っていた高級そうなクリームに、セラミド配合って書いてあった気がするにゃ！」

「そのとお～り、大当たり！ セラミドが水分の蒸発を防いでいるんだよ」

「でも、せんせー、セラミドはスフィンゴ脂質っていうドミンゴみたいな名前の脂質なの？」

「ドミンゴ（domingo）？ それはスペイン語で日曜日の意味だ！ スフィンゴシン（Sphingosine）を見てみなさい！」

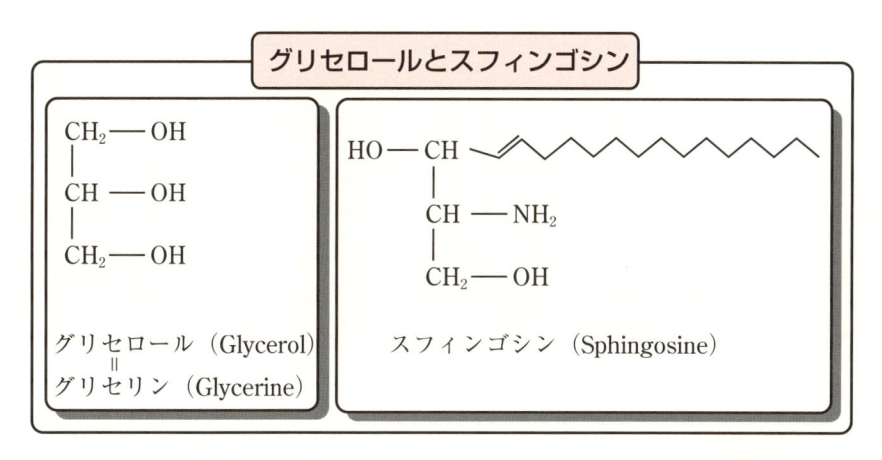

グリセロールとスフィンゴシン

$$\begin{array}{l} CH_2-OH \\ |\\ CH-OH \\ | \\ CH_2-OH \end{array}$$

グリセロール（Glycerol）
＝
グリセリン（Glycerine）

$$\begin{array}{l} HO-CH \\ | \\ CH-NH_2 \\ | \\ CH_2-OH \end{array}$$

スフィンゴシン（Sphingosine）

「グリセロールとスフィンゴシンは大きさがだいぶ違うにゃ！」

「そうだね、ところが、実際にトリアシルグリセロール（TAG、TG）とセラミドの構造を見てみると、似ていることがわかるよ」

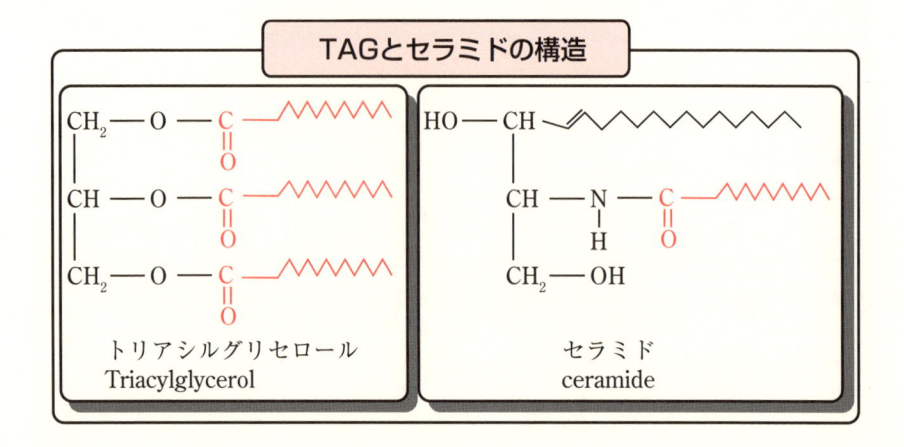

TAGとセラミドの構造

トリアシルグリセロール
Triacylglycerol

セラミド
ceramide

🐱「かなり似てきたにゃ。TAGは脂肪だから、セラミドも同じ感じにゃ！」

🧑「そうそう、人間の肌の表面（表皮）の細胞間には、このセラミドがあって、スフィンゴ脂質つまり油の仲間だから、水分の蒸発を防ぎ肌のうるおいを保っているんだよ！」

🐱「そうか、これが足りなかったにゃ！」

🧑「そうだな。毛は無駄にあるのにな」

🐱「ひどいにゃ！　うちは地肌も美しくありたいにゃん！」

🧑「わかった、わかった、まあ頑張りなさい。それじゃ、さらばだ」

🐱「待って〜、まだ知りたいことがあるにゃ〜」

🧑「何か気になる脂質があるのか？」

🐱「そうではなくて、今、スキンケアの事で頭がいっぱいにゃん。コラーゲンとヒアルロン酸とエラスチンも脂質にゃ？」

🧑「急にたくさんの物質名が出てきたな。何でそんなことだけは必死で覚えているんだ。スキンケアなら資生堂のお姉さんに聞け！」

🐱「脂質の分類になかったからちょっと気になったにゃん。詳しく教えて

にゃ！」

「しょうがないな、こっちを見てみなさい。生化学の分野では、まず、物質を炭水化物（糖類）、タンパク質、脂質に分類することが重要だよ！」

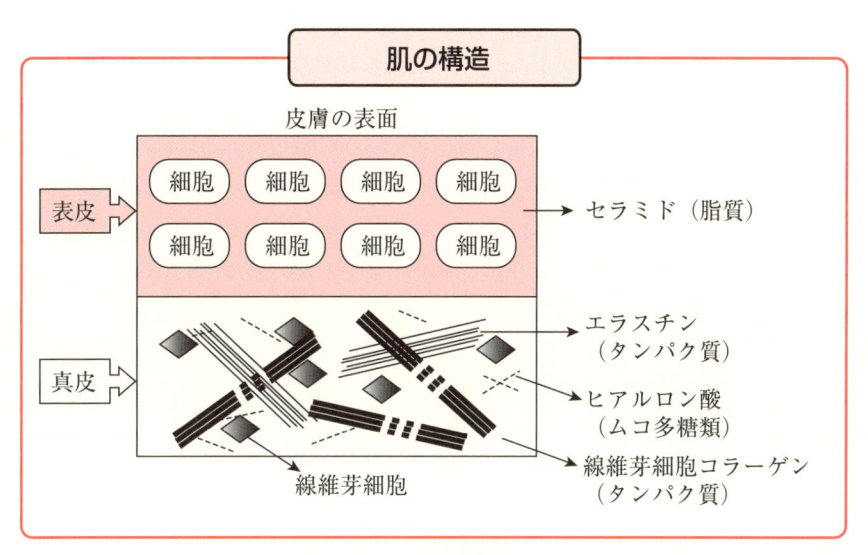

分子の構造と機能

肌の構造

皮膚の表面

表皮 ⇒ 細胞 細胞 細胞 細胞 / 細胞 細胞 細胞 細胞 → セラミド（脂質）

真皮 ⇒ → エラスチン（タンパク質）
→ ヒアルロン酸（ムコ多糖類）
→ 線維芽細胞コラーゲン（タンパク質）

線維芽細胞

イチオシですよ！

「セラミドは表皮にある脂質、コラーゲンとエラスチンは表皮を支え、ヒアルロン酸が真皮の保湿をしているんです！」

「まぁ素敵…でもお高いんでしょう？」

第10回●お肌の保湿にはセラミドにゃん！

> 表皮に存在するセラミドは表皮の乾燥を防いでいるから、この脂質をクリームで補うのは理にかなっているにゃ。真皮のコラーゲンやエラスチンの減少はシワの原因になるから、コラーゲン合成促進の為のビタミンC…つまりアスコルビン酸摂取が有効にゃん。線維芽細胞増殖剤や成長促進剤を利用して、コラーゲン、エラスチン、ヒアルロン酸生成を促進する必要もあるにゃ。将来的には、ヒアルロン酸やコラーゲンの真皮への注射が有効かもしれないにゃ…！！！

「ところで、シャペロン君、シャペロンちゃん！」

「にゃんですか！」

「テストステロン注射による若返りの治療があるの知ってる？」

「**若返り**？ その注射すぐ打ちます、すぐに打ってくださいにゃ！」

「何をそんなに切羽詰まっているんだ。君は本当に若者なのか、それともタダのネコなのか？ とにかくテストステロンはステロイドだよ！」

「え〜、それはひょっとして、副作用もあるんじゃ……」

「とにかく落ち着いて。ステロイドも脂質なんだよ」

「ステロイドってにゃ〜に？」

「それは、脂質を加水分解すると出てくる成分、つまり**誘導脂質**の1つだよ。こっちを見てごらん！」

ステロイド骨格

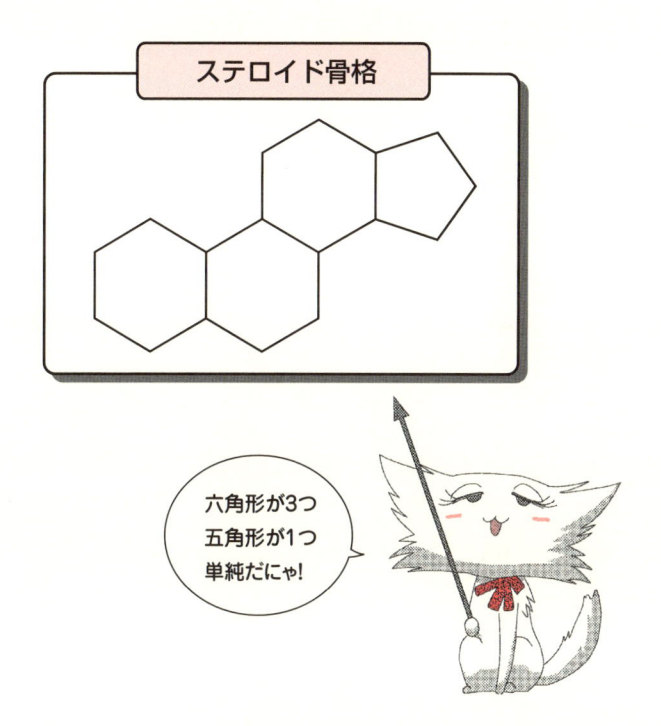

（六角形が3つ 五角形が1つ 単純だにゃ！）

- 「このステロイド骨格を持った化合物を総称して**ステロイド**とよんでいるんだよ」
- 「格好いいにゃ。これが、若返りとどう関係するにゃ？」
- 「このステロイドは生体内では、コレステロールを原料として合成されているものが多いんだよ！ とくに、副腎皮質ホルモンと性ホルモンはステロイドなんだよ！」
- 「副腎皮質ホルモンも性ホルモン（男性ホルモンも女性ホルモン）もステロイド骨格があるにゃ？」
- 「そうなんだよ。これを見てごらん！」

分子の構造と機能

第10回●お肌の保湿にはセラミドにゃん！

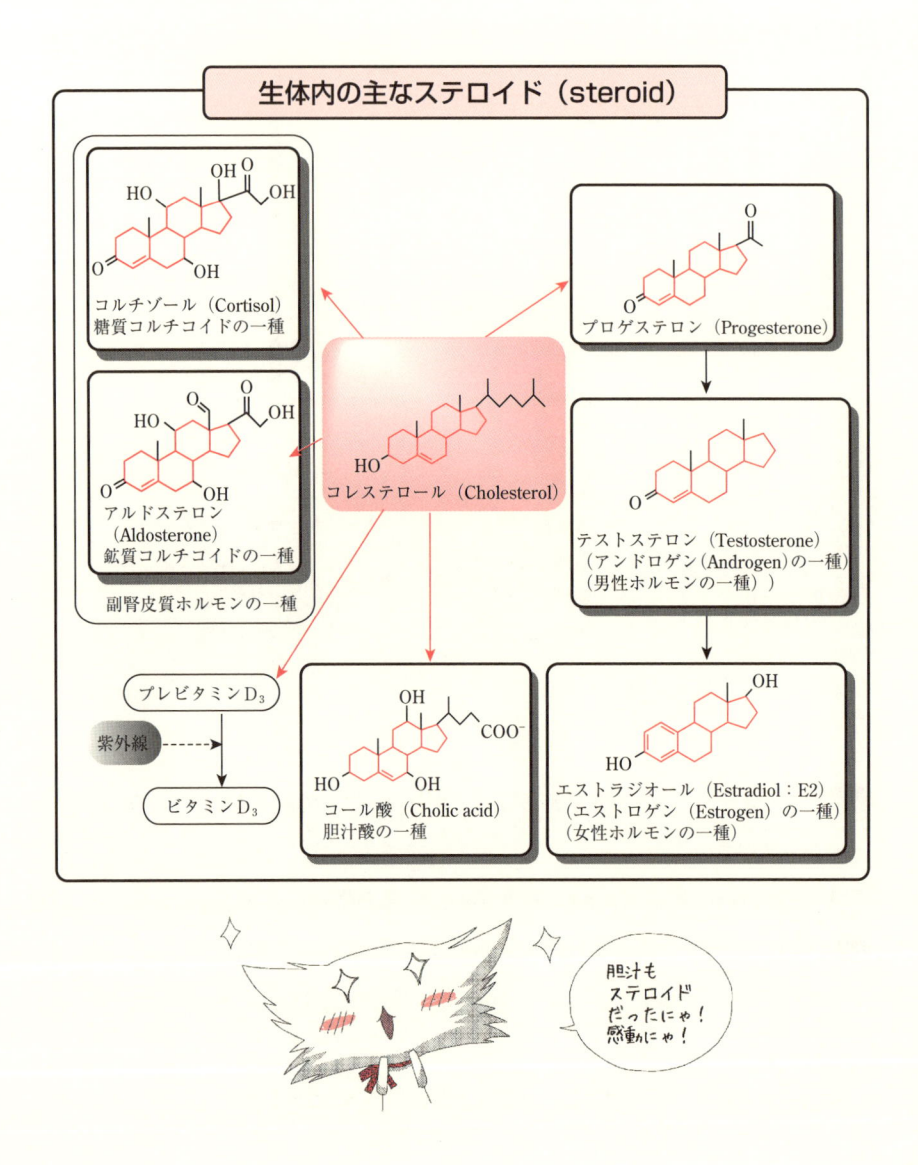

生体内の主なステロイド (steroid)

コルチゾール (Cortisol)
糖質コルチコイドの一種

アルドステロン (Aldosterone)
鉱質コルチコイドの一種

副腎皮質ホルモンの一種

コレステロール (Cholesterol)

プレビタミンD_3 →(紫外線)→ ビタミンD_3

コール酸 (Cholic acid)
胆汁酸の一種

プロゲステロン (Progesterone)

テストステロン (Testosterone)
(アンドロゲン (Androgen) の一種)
(男性ホルモンの一種)

エストラジオール (Estradiol：E2)
(エストロゲン (Estrogen) の一種)
(女性ホルモンの一種)

胆汁も
ステロイド
だったにゃ！
感動にゃ！

「感動している場合ではない。肝臓で胆汁酸ができることを覚えなさい！」

「全部、コレステロールが原料にゃ！ コレステロールは悪者とばかり思っていたけど、重要な物質にゃ！」

「そうだよ。エストラジオールなどの女性ホルモンは皮下脂肪を厚くし、コラーゲン、エラスチン、ヒアルロン酸などの合成を促進させるといわれているよ」

> 肌を美しくするのに、エストロゲンの注射という手があるにゃ。これは、豊胸効果も期待できそうにゃ。だけど、ウチには胸が8個もあるからたくさん打たなきゃいけないし、ステロイドである以上副作用が心配だにゃ。やっぱり、注射ではなく、エストロゲンの分泌を高める方法を知る必要があるにゃ！

「せんせー、エストロゲンの分泌を高める方法はないにゃ？ あるんでしょ、あるならすぐに教えて！ 今すぐに！」

「そうだな、女の子は**恋愛**をすると高まるらしいよ！ そうそう、**恋愛**がよいではないか！」

「せんせ〜〜！ そんな原始的な方法じゃなくて、生化学らしい方法があるでしょ！」

「いや、そっ、そうだな、イソフラボンがエストロゲン受容体に作用して、エストロゲンと似た作用を示すらしいよ」

「イソフラボンは何に入っているにゃ！？」

「まあ、豆科の植物だよ。大豆とかだね」

「それが聞きたかったのよ〜〜〜」

第10回●お肌の保湿にはセラミドにゃん！

豆腐　小豆　大豆　ぜんざい

🐱「……せんせー、豆を食べすぎて気持ち悪いにゃ！」

👨「そうか、では日向ぼっこでもしてきなさい。コレステロールが分解されてビタミン D_3 が生成されるから」

🐱「ウチの好きな日向ぼっこにも、コレステロールと関係があるにゃ？」

👨「そうなんだよ。74 ページで見せた、"生体内の主なステロイド"の図にも書いておいたけど、日光の紫外線に当たってビタミン D_3 が合成されるんだよ。君はそのあと、丁寧に舌で毛づくろいしているだろ？」

🐱「そうだにゃ」

👨「その時に、コレステロールから生成したビタミン D_3 を一緒になめて摂取しているんだよ！」

🐱「コレステロールはすごいにゃ！　すごすぎて疲れたにゃ」

👨「そうだね。では、私も外でビタミン D_3 をつくってくるよ」

🐱「待って〜、ウチもそうするにゃ！」

レベルアップ問題

次の物質を、G（グリセロール脂質）、Sp（スフィンゴ脂質）、St（ステロイド）に分類して！

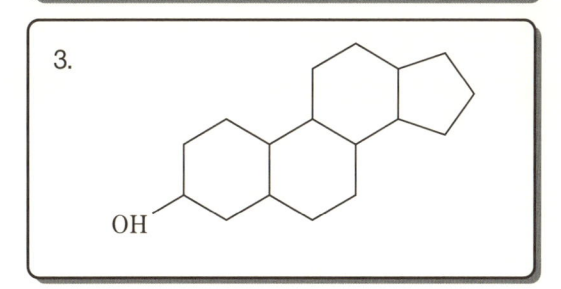

1. HO—CH—〜〜〜〜〜〜〜〜〜
   　　｜
   　　CH—N—C—〜〜〜〜〜
   　　　　｜　‖
   　　　　H　O
   　　CH$_2$—OH

2. CH$_2$—O—C—〜〜〜〜〜
   　｜　　　‖
   　｜　　　O
   　CH—O—C—〜〜〜〜〜
   　｜　　　‖
   　｜　　　O
   　CH$_2$—OH

3. （ステロイド骨格、OH基付き）

答え　1. Sp　2. G　3. St

第10回●お肌の保湿にはセラミドにゃん！

第11回 生体膜も脂質にゃ？

🐱「脂肪って食べたら皮下脂肪になってしまうにゃ？」

👦「まさか！　もしそうなら、君は今頃、脂肪の塊、いや脂肪が多すぎて死亡しているよ」

🐱「じゃあ、脂肪は皮下脂肪以外はどこに行くにゃ？」

👦「そうだね、代謝されてなくなる以外で重要な行き先といえば、細胞膜だよ」

🐱「細胞膜に脂肪が使われているにゃ？」

👦「脂肪はTAGをさすことが多いから正確には<u>脂質</u>だよ。細胞膜のような生体膜はリン脂質という<u>脂質</u>が多く使われているんだよ」

🐱「細胞膜は脂質からできているにゃ」

👦「そう、このリン脂質の構造を見てみなさい」

「あー、おりんちゃんだ！」

「そうなんだよ！　彼女は合体の天才だから脂質の重要な部分を合体させているんだよ！　この構造を、生化学の本では次のように表記してあるんだよ」

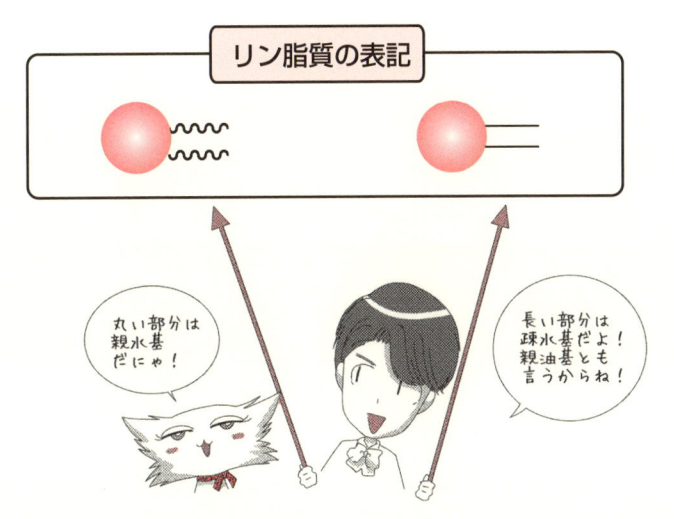

リン脂質の表記

「丸い部分は親水基だにゃ！」

「長い部分は疎水基だよ！親油基とも言うからね！」

「これは簡単にゃ。高校の生物でもやったにゃ！」

「そうだね、実際の分子構造も見てみなさい。疎水基の部分はいろいろな長さのものや、途中に2重結合しているものがあるけど、ここは、大雑把に理解すればいいよ！」

「大雑把、大好きにゃ」

主なリン脂質の構造

グリセロリン脂質

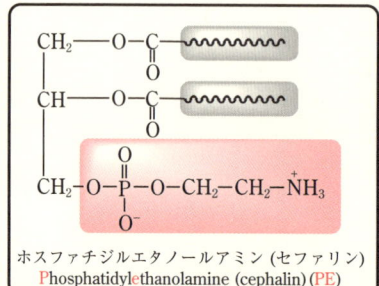

Phosphatidylethanolamine (cephalin) (PE)
ホスファチジルエタノールアミン（セファリン）

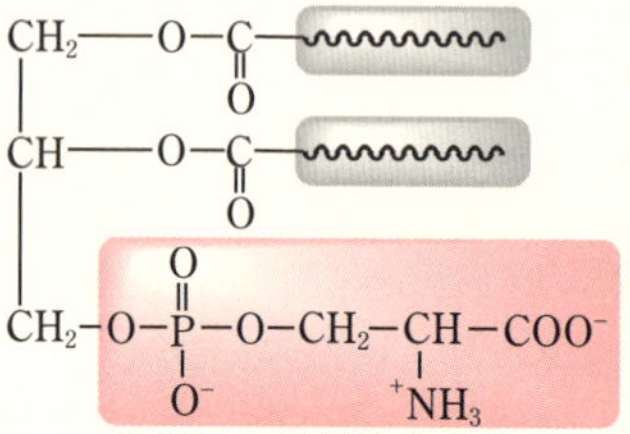

Phosphatidylserine (PS)
ホスファチジルセリン

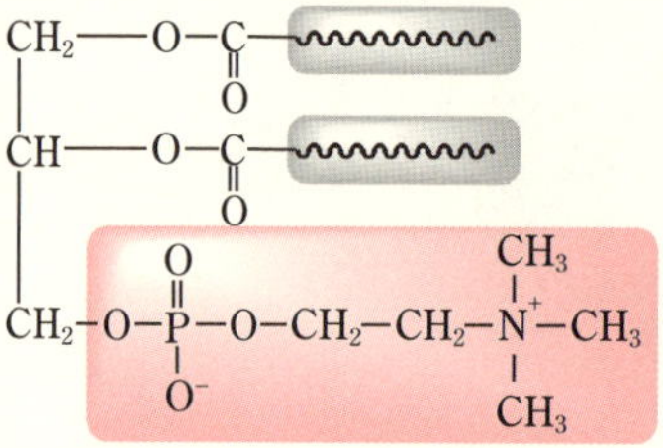

Phosphatidylcholine (lecithin) (PC)
ホスファチジルコリン（レシチン）

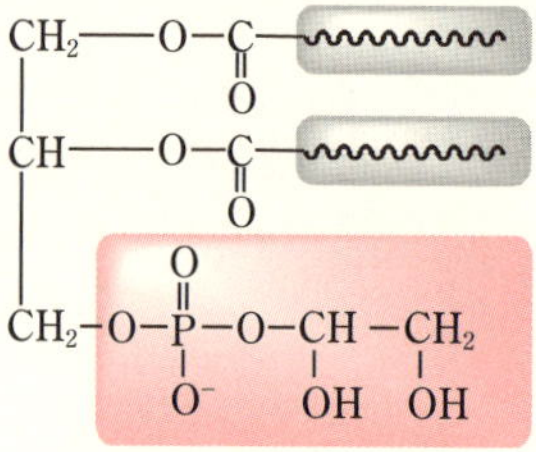

Phosphatidylglycerol
ホスファチジルグリセロール

スフィンゴリン脂質（スフィンゴミエリン Sphingomyelin (SPH)）

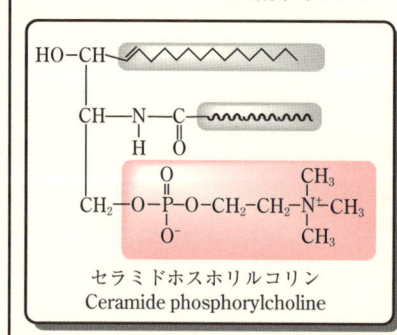

Ceramide phosphorylcholine
セラミドホスホリルコリン

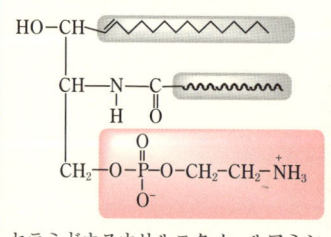

Ceramide phosphorylethanolamine
セラミドホスホリルエタノールアミン

🐱「本当だ、赤い部分が親水基で、ギザギザが疎水基だにゃ！　でも本当にみんな、●に棒が2つはえたような構造なの？」

👦「そうなんだよ。ギザギザの部分は本当はかなり長いから、実際の分子モデルを3次元で組むと、リン脂質は次のようになるよ」

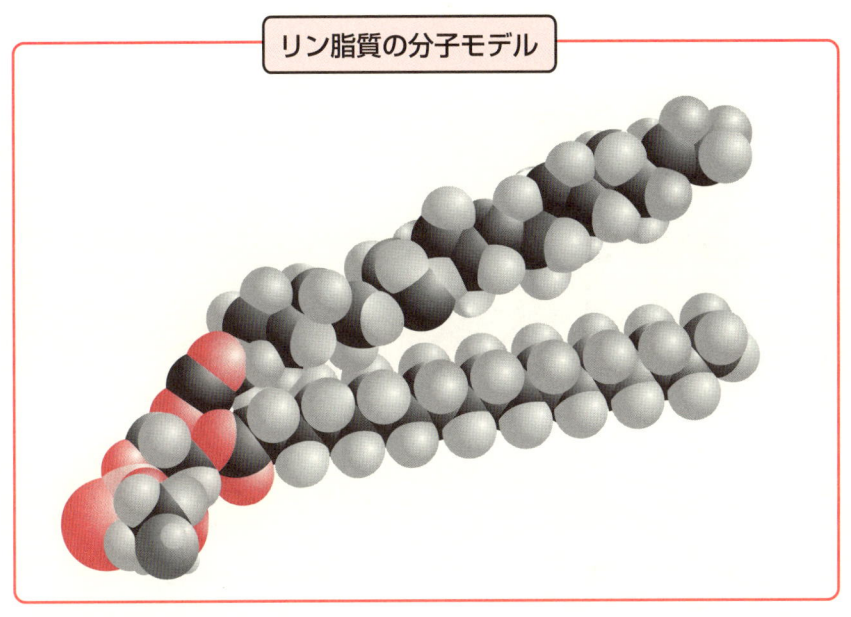

リン脂質の分子モデル

🐱「本当だにゃ。これは、足みたいのが2本はえてるにゃん。あれが疎水基だにゃ！」

👦「おもしろいだろ。生化学は分子の形が重要なこともあるからね！　あと、このリン脂質は界面活性剤でもあるよ。親水基と疎水基があるからね！」

🐱「第9回でやったにゃん。水と油の間を取り持つにゃ！」

👦「そうだね。それでは生体膜の構造について教えよう！　おもしろいぞ〜」

🐱「おもしろそうだにゃ！」

👦「生体膜は"脂質の膜"なんだよ！　でもアメーバみたいな単細胞生物は水の中で生きているよね」

🐱「そうだにゃ。細胞の外側は海水だったり、水だったりで、細胞の内側もきっと水溶液だにゃ」

👦「そのとおり、細胞の外側も内側も水なんだよ。でもそれらに接している細胞膜は脂質の膜なんだよ！」

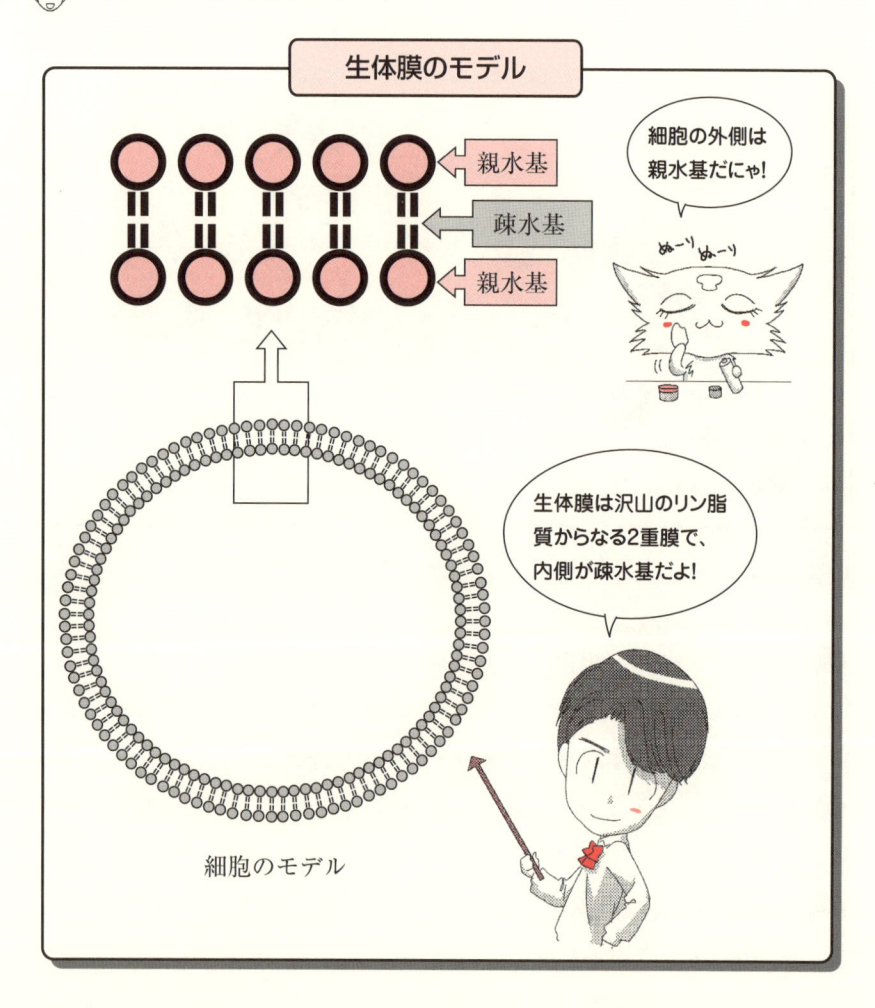

🐱「からくりを教えてにゃ」

👦「それでは、見てもらおう！」

生体膜のモデル

← 親水基
← 疎水基
← 親水基

細胞の外側は親水基だにゃ！

生体膜は沢山のリン脂質からなる2重膜で、内側が疎水基だよ！

細胞のモデル

Ⅴ 脂質

🐱「わぁ、リン脂質だらけにゃん！」

👨「グリセロリン脂質やスフィンゴリン脂質といった、いわゆるリン脂質が内側を疎水基にして、2重構造の膜をつくっているんだよ。ちなみにスフィンゴリン脂質は神経の髄鞘（myelin-sheath）に多いからスフィンゴミエリンともいうよ」

🐱「髄鞘も高校生物でやったにゃ。おもしろいにゃ！ それに、生体膜はたくさんのオタマジャクシが2重の囲いをつくって、細胞を守っているみたいにゃ」

👨「そういう感じだ！ さらに実際には、そのオタマジャクシの間に、次のような糖鎖やタンパク質などが存在しているよ！」

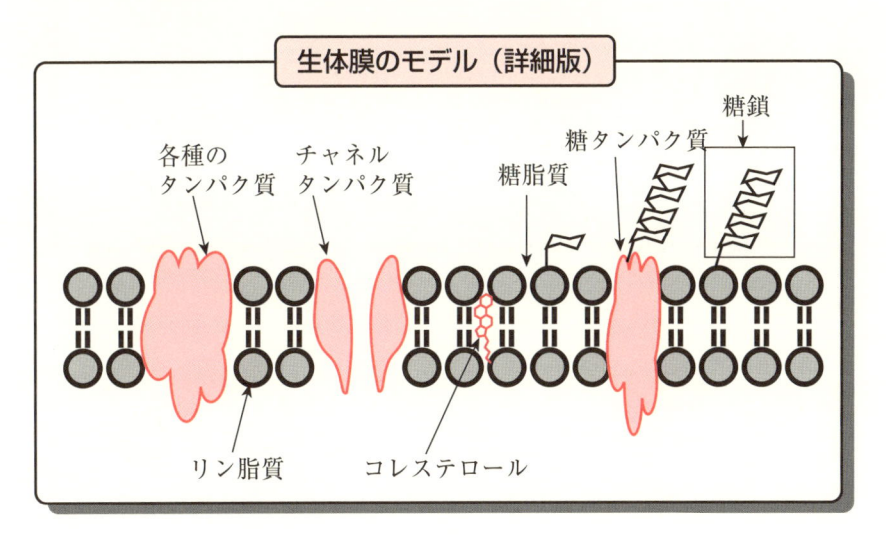

生体膜のモデル（詳細版）

各種のタンパク質／チャネルタンパク質／糖脂質／糖タンパク質／糖鎖／リン脂質／コレステロール

🐱「どっちが細胞の内側にゃ？」

👨「下が細胞の内側だよ。図の上、つまり細胞の外側に向かって、扁平した六角形の構造が見えるでしょ」

🐱「糖鎖と書いてあるにゃ」

🧑「その糖がついた脂質が糖脂質だよ！」

🐱「リン脂質とも違うの？」

🧑「そうだね、細胞の外側に向かって糖鎖が伸びるのに必要になってくるのが、この糖脂質だよ！ 構造はリン脂質の親水基の部分に糖が入った形だよ」

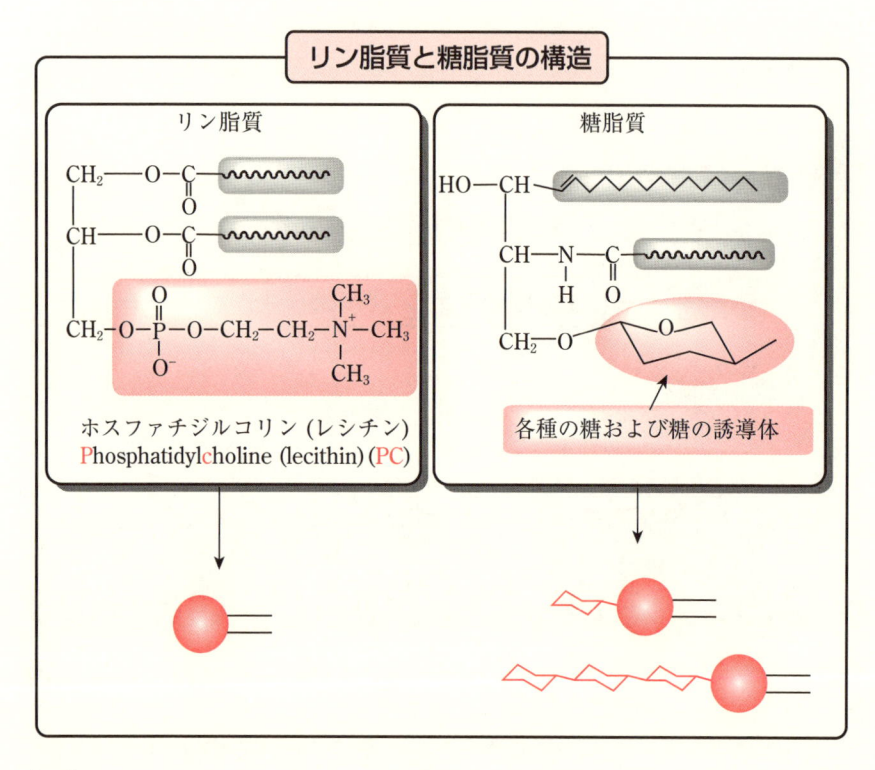

リン脂質と糖脂質の構造

リン脂質

ホスファチジルコリン (レシチン)
Phosphatidylcholine (lecithin) (PC)

糖脂質

各種の糖および糖の誘導体

🐱「形がおもしろいにゃ！ 六角形のやつが糖にゃ？」

🧑「そうなんだよ、おもしろいんだよ！ 最近はこの糖鎖の研究が非常に注目を浴びているんだよ」

🐱「糖鎖はそんなに重要にゃ？」

🧑「たとえば、血液型は糖鎖で決まるんだよ。それに精子なんかが卵細胞

に進入するときも、卵細胞は外側の糖鎖で精子を判断しているんだよ」

「じゃあ、受精の時、糖鎖は細胞に入るときのベルみたいな役割をしているにゃ」

「そうなんだよ！　ウイルスなんかは、これを利用して細胞の中に入ってくるんだよ！　そして細胞の中で増殖するんだよ」

「恐ろしいにゃん！　糖鎖は重要にゃん！」

「まあ、君は糖鎖の代わりに毛が無駄に生えているから大丈夫そうだな」

「まるでうちが毛深いみたいじゃない！」

「じゃあ薄毛なのか？　まあ、毛の話はよい。生体膜はおもしろいだろ！」

「生体膜がかなりわかったにゃん。ありがとうにゃ！」

第 11 回●生体膜も脂質にゃ？

レベルアップ問題

次の細胞膜（生体膜）のモデルについて、A、B、Cの記号で答えて！

細胞の外側

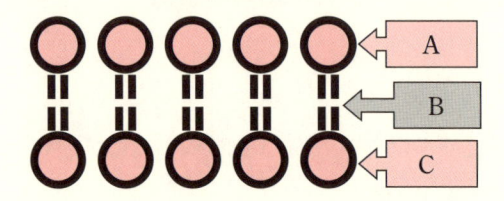

A
B
C

細胞の内側

1. 疎水性の部分はA、B、Cのどの部分か？
2. イオン性の基はA、B、Cのどの部分か？
3. リン酸から由来する部分はどの層に存在するか？
4. コレステロールはどの層と親和性が高いか？
5. 糖鎖はどの層にあるか？

答え
1. 細胞の外側も内側も水溶液なので、疎水層は B
2. イオン性の部分は水と仲良しなので親水基。よって親水基は A と C
3. リン酸の P-OH の1つはイオンになって -P-O⁻ となっているので、親水基に存在する。よって A と C
4. コレステロールは完全な脂質であり、大部分は疎水基に埋まっているから B
5. 糖鎖は細胞の外側に存在するから A

VI 酵素

第12回 ミカエリス-メンテンってにゃんだ？

分子の構造と機能

- 🐱「せんせー！"見返りブス弁天"って聞いたことある？」
- 👦「見返りブス？ なんてひどいいい方だ！ いくら君が見返りブスでもそんないい方をする奴はゆるせん！」
- 🐱「せんせー、ウチの話じゃなくて、見返りブス弁天だにゃ！ ウチは見返っても美しいにゃ」
- 👦「そうか、いや、待て。その言葉はどこで聞いたんだ？」
- 🐱「基礎生化学の時間だにゃ」
- 👦「アホか〜！ それは"見返りブス弁天"ではなくて、"ミカエリス-メンテン"だ〜！ ちなみに弁天様は女神だぞ！ 罰があたるぞ！」
- 🐱「そうだったにゃ、失礼したにゃ。それより、ウチ、明日試験があるのよ。助けてちょ！」
- 👦「ミカエリス-メンテン式の試験か？」
- 🐱「そうにゃの〜」
- 👦「う〜ん、私も今日は時間があまりないから、最短で教えよう。要点だけいうから集中して聞け。スキンケアの話を考える時のように集中するのだ！」
- 🐱「わかったにゃん」
- 👦「まず酵素は基質（反応物）と合体して、複合体をつくった後、生成物を

つくって放すんだ。これが酵素の一般的なモデルだ！」

「図が欲しいにゃ」

「そうだな。君が基質なら、酵素は美男子のペルシャ猫ってところだ。複合体というのは付き合っている2人いや2匹だな。最終的には2匹はわかれて、主人公の君は1匹の強い女として生まれ変わり、生きていく、というストーリーだ」

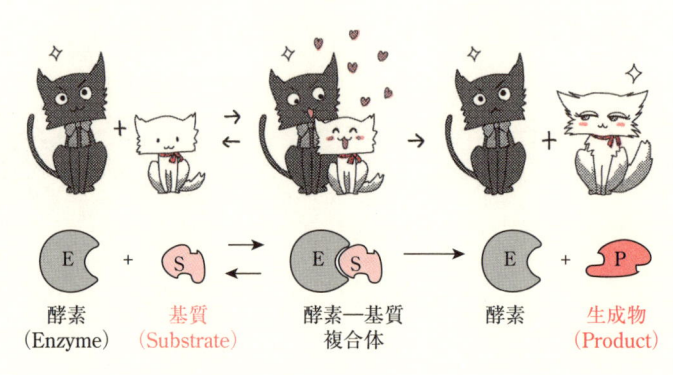

酵素（Enzyme） + 基質（Substrate） ⇌ 酵素—基質複合体 → 酵素 + 生成物（Product）

「にゃんで、ウチは結局最後は1人だにゃ！」

「まあ、いいから聞きなさい。ここで一番重要なのは、生成物の生成速度を大きくする酵素が良い酵素だということなんだ！ つまり、最後に強い女（生成物）をいかに速くつくれるかが重要だということだ！」

「それはどうやってわかるにゃ？」

「この生成物Pの生成速度をVで表すと次のようになるんだ」

ミカエリス-メンテンの式（Michaelis-Menten equation）

$$V = \frac{V_{max}[S]}{K_M + [S]}$$

V ：生成物（P）の生成速度
V_{max} ：生成物（P）の最大生成速度
$[S]$ ：基質（S）の濃度
K_M ：ミカエリス定数

🐱「何だか難しいにゃん」

👦「一番重要なことは、酵素の性能なんだよ。どんな酵素が良い酵素かというと、生成物を早くたくさん与える酵素だね」

🐱「そうにゃ！ ていうことは、上の式の V が大きければ良い酵素にゃ」

👦「そうなんだよ。式を見ると K_M が小さいほうが V は大きくなるでしょ」

🐱「そうだにゃ、わかったにゃん！」

👦「それに、V_{max} の大きいほうが良い酵素だ。まとめるとこんな感じだね」

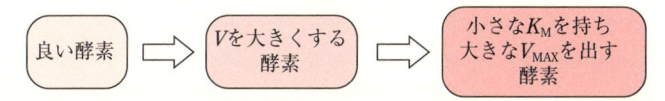

良い酵素 ⇒ Vを大きくする酵素 ⇒ 小さなK_Mを持ち大きなV_{MAX}を出す酵素

🐱「酵素の性能を調べる式だにゃ！」

👦「そのとおり、酵素の性能を調べるんだ！ そこで、大切なグラフは2つだ。まず1つめは、そのまま V と [S] のグラフだよ」

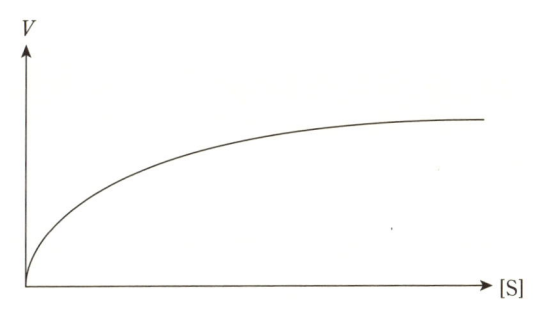

🐱「そのグラフで何がわかるにゃ？」

👦「だ～か～ら～、もちろん、その酵素の K_M と V_{max} だよ！」

🐱「そうだったにゃ」

👦「このグラフは横軸が [S] だから、もし、ミカエリス-メンテンの式に [S] = K_M を代入するとどうなる？」

$$V = \frac{V_{max}[S]}{K_M + [S]} = \frac{V_{max} K_M}{K_M + K_M} = \frac{V_{max}}{2}$$

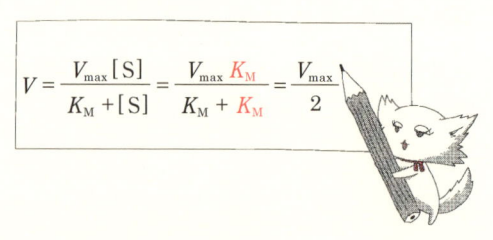

🐱「速度 V が V_{max} の半分になるにゃ！」

🧑「[S] が非常に大きいと $V = V_{max}$ になるから、グラフは作図できるよ！」

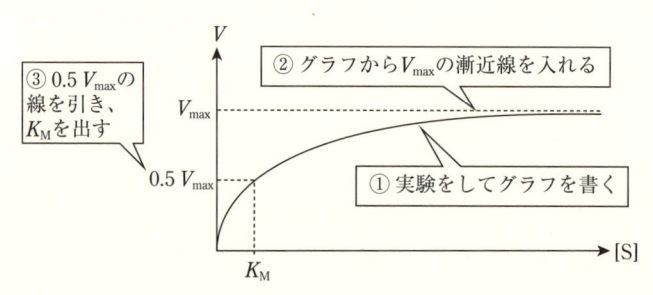

③ $0.5V_{max}$ の線を引き、K_M を出す

② グラフから V_{max} の漸近線を入れる

① 実験をしてグラフを書く

🐱「手順が順番に書いてあるから完璧だにゃん！ サンキュー、せんせー」

🧑「"小さい K_M を持つ酵素 = 性能が良い" という話は、このグラフを見ると一目瞭然だよ」

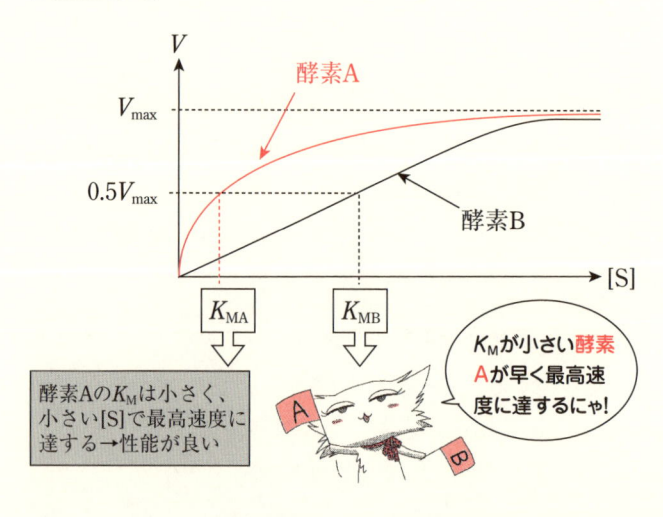

酵素A

酵素B

K_{MA} K_{MB}

酵素Aの K_M は小さく、小さい [S] で最高速度に達する→性能が良い

🐱「K_M が小さい酵素Aが早く最高速度に達するにゃ！」

Ⅵ 酵素

🐱「本当だにゃ、これはわかりやすいにゃ！ せんせー、もう1つ質問があるにゃ。基礎生化学の時間に"**ラインウエハース・ばくばく酔っぱらった**"って何かおいしそうなことを教授がつぶやいていたんだけど知ってるにゃ？」

👨「ちが〜〜う！ それも"**ラインウィーバー・バークプロット**" Lineweaver-Burk plot だよ！ 2人の偉大な学者の業績なんだよ。君は何を考えているんだ、ウエハースだなんて！ 君はクッキーモンスターの親戚か？」

🐱「うう…、でもわかってきたにゃ！」

👨「まあ、いい。2つめのグラフがそれなんだが、このグラフには式変形が必要だ。ミカエリス-メンテンの式の両辺をひっくり返して、逆数にしてみなさい」

🐱「それくらいならできるにゃ」

$$\frac{1}{V} = \frac{K_M + [S]}{V_{max}[S]} = \frac{K_M}{V_{max}[S]} + \frac{[S]}{V_{max}[S]}$$

$$\boxed{\frac{1}{V}} = \frac{K_M}{V_{max}} \times \boxed{\frac{1}{[S]}} + \frac{1}{V_{max}}$$

👨「赤い部分を縦軸と横軸にしたら、V_{max} と K_M が定数だから、直線のグラフになるでしょ！」

🐱「でも、にゃんで逆数にする必要があるにゃ？」

👨「それは、V と $[S]$ のグラフでは、K_M が正確に求まらないからだよ！ さっきのグラフでは、いつになったら V_{max} になるのか正確にはわからん

だろう」

🐱「確かに、横軸の [S] がいつになったら V が最大になるかわかりにくいにゃ」

🧑「それがこのグラフだと改善されるんだよ」

🐱「それはすごいにゃ、早く見せてにゃ！」

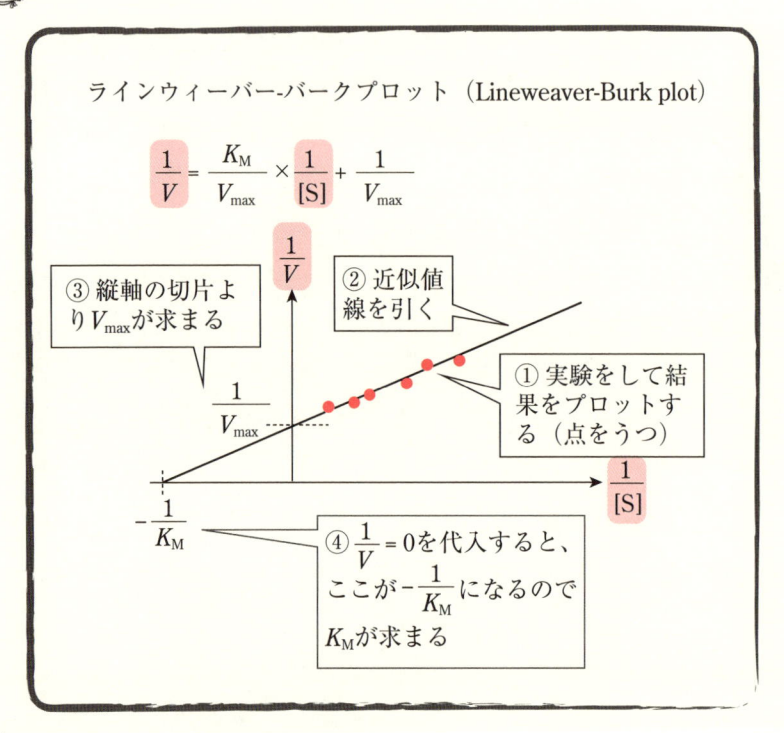

ラインウィーバー-バークプロット（Lineweaver-Burk plot）

$$\frac{1}{V} = \frac{K_M}{V_{max}} \times \frac{1}{[S]} + \frac{1}{V_{max}}$$

③ 縦軸の切片より V_{max} が求まる

② 近似値線を引く

① 実験をして結果をプロットする（点をうつ）

$\frac{1}{V_{max}}$

$-\frac{1}{K_M}$

④ $\frac{1}{V} = 0$ を代入すると、ここが $-\frac{1}{K_M}$ になるので K_M が求まる

🐱「直線だから、正確に K_M が出せるにゃん。小さければ良い酵素ちゃんにゃ！ 素晴らしいにゃ！」

🧑「よし、わかったな。それでは酵素の阻害剤を教えるぞ」

🐱「今日は本当に早いにゃん！」

（ここで速度MAXにゃ！）

競合阻害（拮抗阻害）

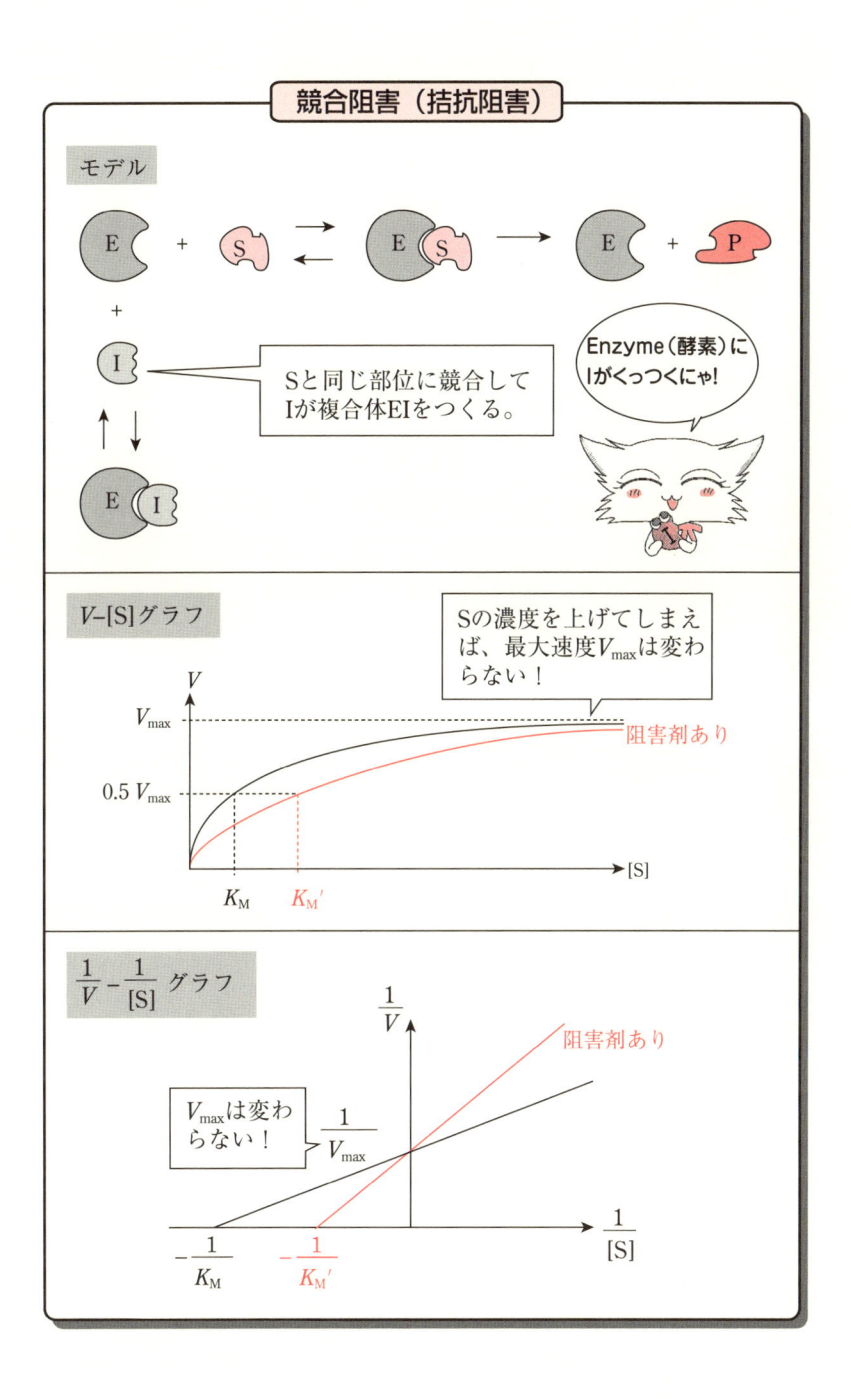

モデル

E + S ⇌ ES → E + P

+

I ⇅ EI

Sと同じ部位に競合してIが複合体EIをつくる。

Enzyme（酵素）にIがくっつくにゃ！

V–[S]グラフ

Sの濃度を上げてしまえば、最大速度V_{max}は変わらない！

縦軸: V、横軸: [S]

V_{max}、$0.5\,V_{max}$

阻害剤あり

K_M、K_M'

$\dfrac{1}{V} - \dfrac{1}{[S]}$ グラフ

V_{max}は変わらない！

縦軸: $\dfrac{1}{V}$、横軸: $\dfrac{1}{[S]}$

$\dfrac{1}{V_{max}}$

阻害剤あり

$-\dfrac{1}{K_M}$、$-\dfrac{1}{K_M'}$

第12回●ミカエリス - メンテンってにゃんだ？

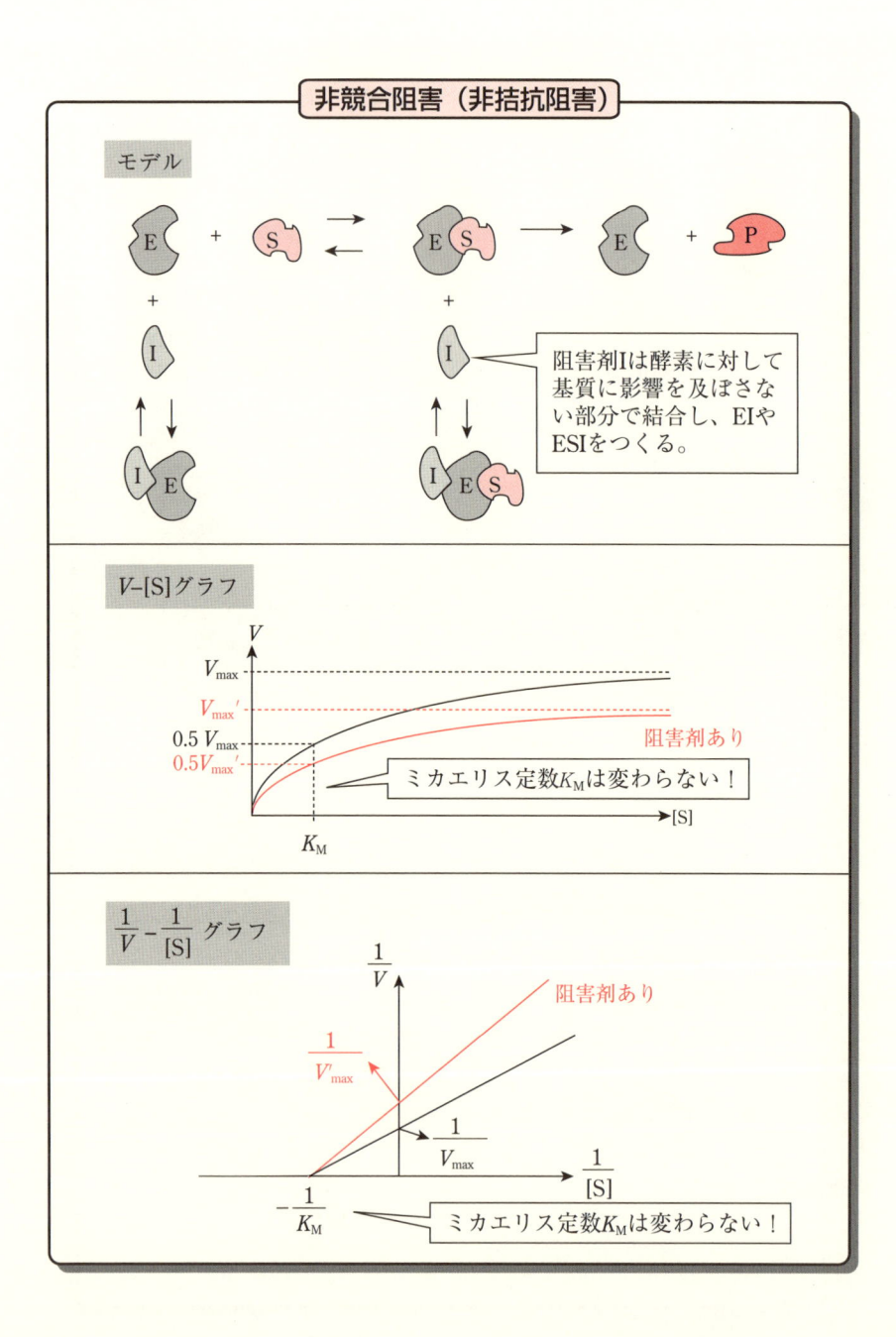

非競合阻害（非拮抗阻害）

モデル

E + S ⇌ ES → E + P

阻害剤Iは酵素に対して基質に影響を及ぼさない部分で結合し、EIやESIをつくる。

V–[S]グラフ

V_{max}
V_{max}'
$0.5 V_{max}$
$0.5 V_{max}'$

阻害剤あり

ミカエリス定数K_Mは変わらない！

$\dfrac{1}{V} - \dfrac{1}{[S]}$ グラフ

阻害剤あり

$\dfrac{1}{V_{max}'}$
$\dfrac{1}{V_{max}}$
$-\dfrac{1}{K_M}$

ミカエリス定数K_Mは変わらない！

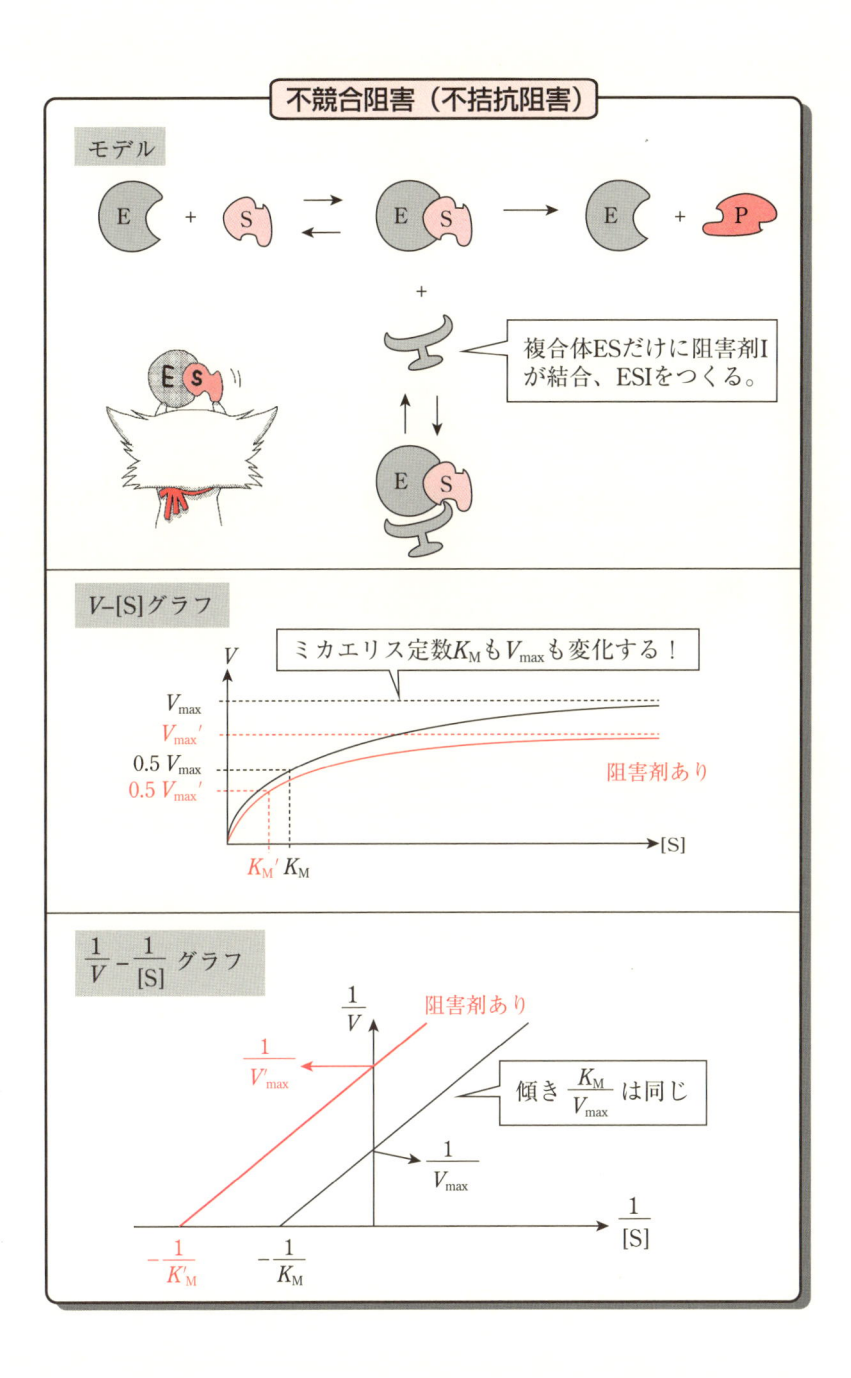

不競合阻害（不拮抗阻害）

モデル

E + S ⇌ ES → E + P

複合体ESだけに阻害剤Iが結合、ESIをつくる。

V–[S]グラフ

ミカエリス定数K_MもV_{max}も変化する！

縦軸: V、V_{max}、V_{max}'、$0.5\,V_{max}$、$0.5\,V_{max}'$
横軸: [S]、K_M'、K_M

阻害剤あり

$\dfrac{1}{V} - \dfrac{1}{[S]}$ グラフ

阻害剤あり

$\dfrac{1}{V'_{max}}$

$\dfrac{1}{V_{max}}$

傾き $\dfrac{K_M}{V_{max}}$ は同じ

$-\dfrac{1}{K'_M}$ $-\dfrac{1}{K_M}$

分子の構造と機能

第12回 ● ミカエリス-メンテンってにゃんだ？

🐱「かなりまとまっているにゃん」

👦「それぞれの阻害の特徴をよくつかんでおくことが重要だよ！」

🐱「これなら阻害は完璧にゃん」

👦「いやいや、すべてがミカエリス-メンテン式に当てはまるわけではないから、気をつけてくれ！ たとえばアロステリック酵素（フィードバック阻害）などでは簡単に関数化できないんだ」

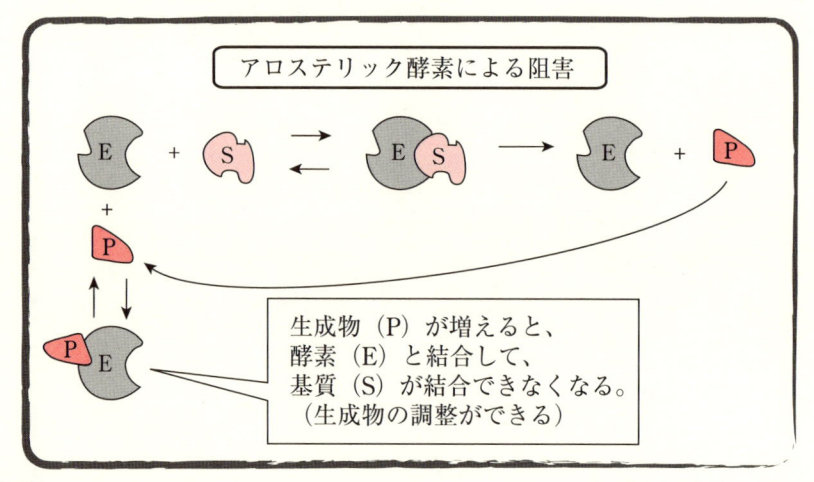

アロステリック酵素による阻害

E + S ⇌ ES → E + P

生成物（P）が増えると、酵素（E）と結合して、基質（S）が結合できなくなる。
（生成物の調整ができる）

🐱「この仕組みはおもしろいにゃ」

👦「そうなんだが、V-[S] の曲線がS字曲線（シグモイド曲線）になってしまうんだ！ 事実だけでも覚えておくんだよ」

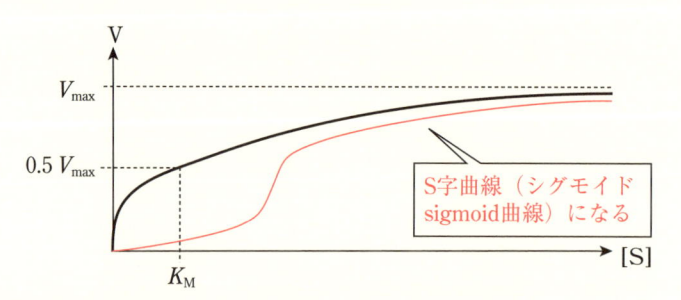

S字曲線（シグモイド sigmoid曲線）になる

🐱「わかったにゃ、これで試験も完璧にゃ！ ありがとう！」

レベルアップ問題

次のラインウィーバー - バークプロットの結果から得られるおのおののグラフに対応する阻害を選んで！

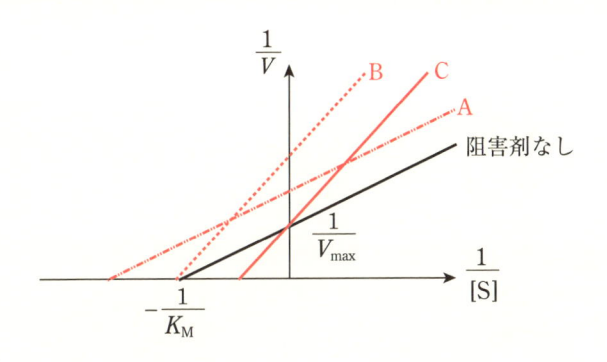

[グラフ: $\frac{1}{V}$ 対 $\frac{1}{[S]}$ のラインウィーバー-バークプロット。阻害剤なしの直線と、B、C、A の3本の直線が示されている。軸上に $\frac{1}{V_{max}}$、$-\frac{1}{K_M}$ の目盛りあり]

阻害の種類
α：競合阻害
β：非競合阻害
γ：不競合阻害

答え
A—γ　　B—β　　C—α

つぎは
炭水化物の代謝だ！

VII 炭水化物の代謝（解糖系）

第13回 ミトコンドリアって何者にゃ？

🐱「せんせー、ミトコンドリアって何をしているにゃ？」

👨「たくさんありすぎてとても一言ではいえないが、われわれ地球上の生命体にとってはなくてはならないものなんだよ」

🐱「じゃあ、生命体にとって何が重要にゃ？」

👨「難しい質問だな。生命体ではなく、細胞を持つ生物にとって重要なことといえば、次の2つかな。それぞれに関連の深い物質も並べて書いておいたよ」

> 1. 細胞を増やす　➡　核酸（DNA、RNA）
>   タンパク質（アミノ酸）
> 2. 自分のからだを維持する　➡　炭水化物、脂質

🐱「ミトコンドリアは何番と関係しているにゃ？」

👨「両方といっても過言ではないが、一番関係しているといえば、2番のからだを維持することだな。からだを維持するのに一番大切なことって何だと思う？」

🐱「ウチの場合は、お風呂に入ってからだをマッサージして、お肌にいいクリームを塗ることにゃ！」

👨「それは生命活動の観点からいえばどうでもいいことだ。一番重要なことはエネルギーをつくり出すことなんだよ！　君がお風呂に入るのも、マッサージするのも、クリームを塗るのもすべてエネルギーが必要なんだよ」

🐱「確かにそうだにゃ。エネルギーがなければ、お肌にクリームを塗ったり、お肌にいいサプリメントを飲んだりできないにゃ」

👨「そうだ。生きるためにはエネルギーが必要なんだ。そのエネルギーをつくり出しているのがミトコンドリアだ。さらに、ミトコンドリアがつくっているのは**ATP**なんだよ」

🐱「あとぷだ、ならったにゃ！」

👨「そう、そのエーティーピーだよ。<u>ATP は充電可能な電池みたいなもので、ミトコンドリアの最大の役割はその充電</u>なんだよ！」

🐱「電池の充電は重要にゃ！　すべての細胞が ATP で動いているの？」

👨「『第4回　ATP ってにゃんだ？』でやった内容を思い出せ。地球上の細胞はすべてといってよいほど ATP を共通の電池として使っているんだ！」

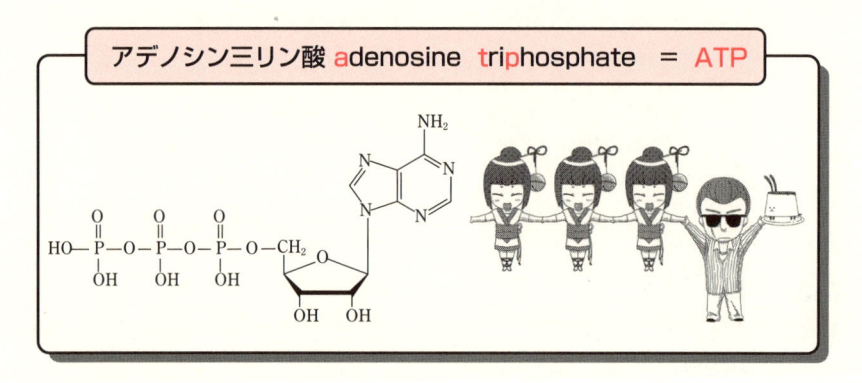

アデノシン三リン酸 adenosine triphosphate ＝ ATP

🐱「ATP はすごいにゃ。それにウチ、おりんちゃん好きにゃ。かわいいにゃ」

👨「思い出したのならよかった。生きるために使うさまざまなエネルギーは ATP を共通の電池にしているが、そのたとえでいくと ATP と ADP はこうなるよ！」

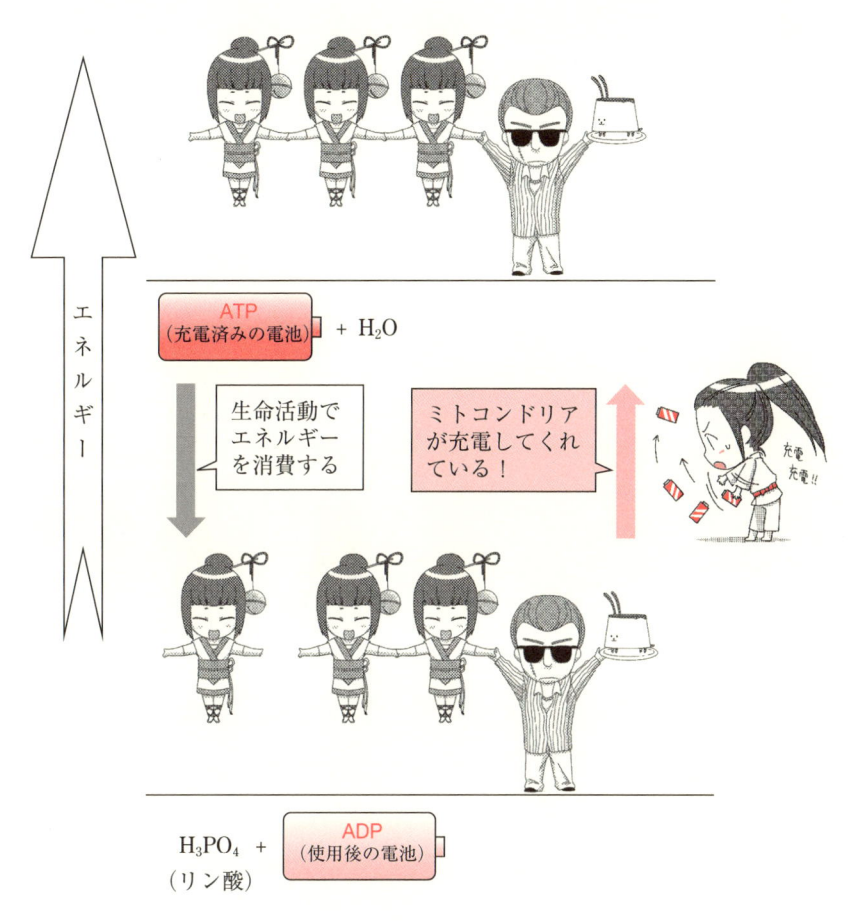

エネルギー ↑

ATP（充電済みの電池） + H₂O

生命活動でエネルギーを消費する

ミトコンドリアが充電してくれている！

充電充電!!

H₃PO₄（リン酸） + ADP（使用後の電池）

- 「われわれは生きているだけでこのATPをADPにしてしまっているんだ！心臓だって常に動いているのはATPのおかげだ。だから、ADPを充電してくれるミトコンドリアが必要なわけだ！」
- 「すごくわかったにゃん！ ウチが生きるためにはATPが必要なのはわかったけど、ミトコンドリアはどうやって生きているにゃ？」
- 「そこなんだよ。ミトコンドリアはタダでこんな大変な作業をしているわけではないんだ。彼らにエサを与えなければ、働いてはくれないんだよ」

物質の代謝

第13回●ミトコンドリアって何者にゃ？

🐱「それは大変にゃ！ そのエサを教えてにゃ」

👨「そのエサこそ"**ブドウ糖（D-グルコース）**"つまり炭水化物なんだよ！」

🐱「そうだったにゃ！」

👨「そうなんだよ、ミトコンドリアは細胞の中にたくさん住んでいる充電屋みたいなものなんだ」

🐱「充電屋さんね。そのミトコンさんは、グルコースを食べるにゃ！」

👨「正確にはグルコースを食べるわけではないんだよ」

🐱「さっきエサはグルコースだっていったにゃ」

👨「そうなんだが、ミトコンドリアはグルコースを直接食べることはできないんだよ。グルコースをかみ砕いてあげなければならないんだ。好き嫌いが激しいんだよ」

🐱「ミトコン嬢は難しいにゃ」

👨「そのグルコースをかみ砕く過程を**解糖系**というんだよ！」

🐱「それ、授業で聞いたにゃ。解糖系とはそういうことだったにゃ？」

👨「そうだよ。解糖とは、糖をバラす感じだよ！ 1つのグルコースから2つのピルビン酸ができるんだが、そのピルビン酸をミトコンドリアは食べるんだよ」

🐱「細胞の中にいるミトコン嬢はピルビンちゃんを食べるにゃ！」

👨「ミトコンドリアをミトコン嬢とするか。後で大変なことになるが、まあよかろう。このミトコン嬢はピルビン酸だけでなく、酸素を食べてエネルギーにしているんだよ！」

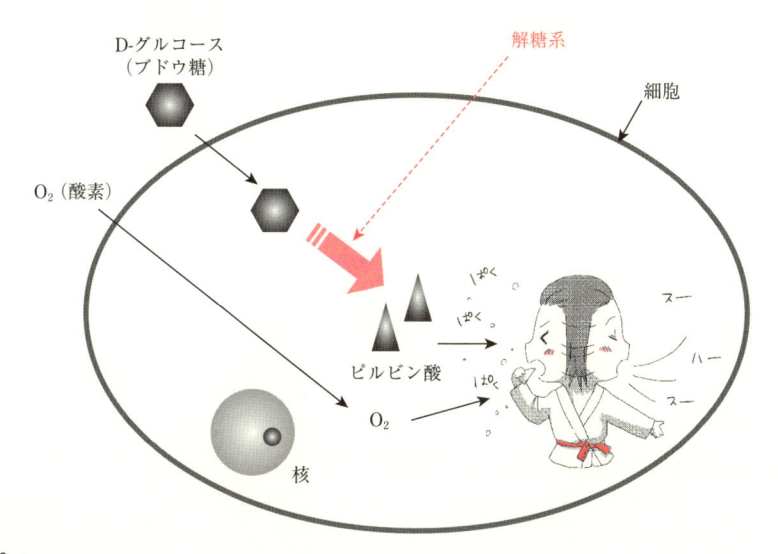

図中ラベル: D-グルコース（ブドウ糖）／解糖系／細胞／O₂（酸素）／ピルビン酸／核

- 🐱「酸素を吸う？　それは呼吸しているみたいにゃ！」
- 👤「呼吸しているんだよ！」
- 🐱「ええっ？　呼吸はウチがしているにゃ」
- 👤「君がいっている呼吸は**外呼吸**といって、空気中の酸素を肺で血液中に送っている、つまり肺呼吸のことをいっているのであろう」
- 🐱「呼吸にそれ以外あるにゃ？」
- 👤「**内呼吸**といって、細胞が呼吸することをいうんだよ！　もっと詳しくいえば細胞の中のミトコンドリアが酸素呼吸しているんだよ！」
- 🐱「じゃあ、ウチが呼吸していると思ったら、からだの中の細胞にたくさんいるミトコン嬢が呼吸をしていたってこと？」
- 👤「そのとおりだよ。つまり、ミトコン嬢のために君は今も酸素を吸い続けているんだ！」
- 🐱「じゃあ、ウチはミトコン嬢のいいなりってわけにゃ？」
- 👤「そのとお〜〜り！　ミトコン嬢が欲しがっているから酸素を吸い、ミトコン嬢が欲しがっているからグルコースなどの炭水化物を食べているん

だよ！」

🐱「何かとても悔しいにゃ！」

👤「それならば、酸素を吸うのをやめて炭水化物を絶ってみるかい？」

🐱「酸素を吸うのはやめられないから、グルコースを食べないで苦しめてやるにゃ。ミトコン嬢のエサはピルビンちゃんだから、そのもとのグルコースを食べなければミトコン嬢は苦しむにゃ！」

👤「ほうっ、グルコース（ブドウ糖）を食べないでいられるかい？」

🐱「ウチが食べている炭水化物は、おもにご飯やパンやジャガイモにゃ！」

👤「それは全部グルコースという単糖類が結合した多糖類だよ！ ジャガイモやパンやご飯の主成分はデンプンで、デンプンは分解するとグルコースになるんだよ！」

🐱「にゃんだって〜？」

👤「こっちを見なさい。グルコースは単独でも存在するけど、われわれが主食としているデンプンはグルコースが結合した多糖類なんだよ！」

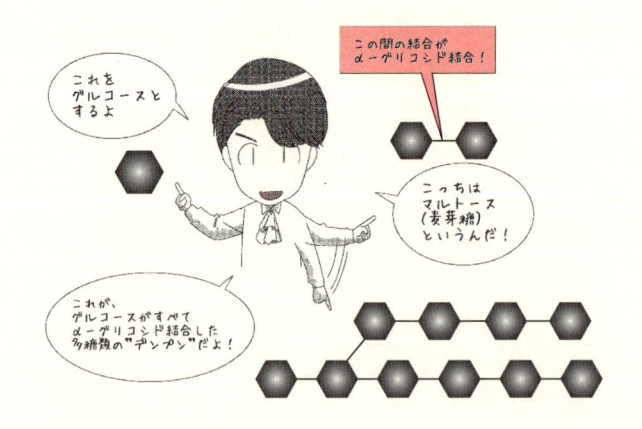

「ワレワレハ サンソト タンスイカブツヲ ヨウキュウスル！」
「わ…わかったにゃん！」

「これをグルコースとするよ」

「この間の結合がα-グリコシド結合！」

「こっちはマルトース（麦芽糖）というんだ！」

「これが、グルコースがすべてα-グリコシド結合した多糖類の"デンプン"だよ！」

104　Ⅶ　炭水化物の代謝（解糖系）

🐱「それじゃあ、パン、ご飯、うどん、そば、パスタ、ジャガイモの主成分のデンプンはグルコースが結合した多糖類にゃ？」

👦「そうだよ！　**われわれの主食とはミトコンドリアの主食だったんだよ！**」

🐱「だったら、しばらく何も食べないにゃ！」

👦「それでも、なかなかミトコンドリアは死なないよ。<u>ミトコンドリアにグルコースを与えなければ、君のからだを分解して、どんどんミトコンドリアのエサにしてしまうんだよ！</u>」

🐱「ウチのからだの中のタンパク質もエサにしてしまうの？」

👦「そうだよ！　そのくらい、からだはミトコンドリアを大切にしているんだよ！」

🐱「すごすぎる、偉すぎる！　ミトコン嬢、恐るべし！」

👦「いや、君はまだミトコン嬢の本当のすごさを知らないよ。これからの代謝の勉強はミトコンドリアの勉強といってもよいくらいミトコンドリアが重要なんだ」

🐱「にゃんてこった。たまげたにゃ！」

👦「大いにたまげなさい」

第14回 解糖系ってにゃんだ？

🐱「せんせー、ミトコンドリアのことにゃんだけど……」

👨「またミトコンドリアのことを考えているのか？」

🐱「そうにゃ。でも、ウチ、ミトコン嬢と仲良くすることにしたにゃん。細胞の中にたくさん住んでいることだし、ケンカしてもしょうがないにゃん。仲良くするにゃ！」

👨「すばらしい！ やっと、助け合って暮らす気になったか。助け合って暮らすのを**共生**というが、太古の地球でもこの現象が起きたと考えられるんだよ！」

🐱「やっぱり、ミトコン嬢は別生物にゃ？」

👨「そのことを考えるためには、呼吸のことを学ばなければ」

🐱「呼吸の種類といえば、内呼吸と外呼吸にゃ！」

👨「その分類ではなくて、酸素に注目した分類の仕方があるんだよ」

🐱「酸素？ 呼吸に酸素がいるのはあたりまえにゃん」

👨「とんでもない。むしろ生命の誕生から考えたら、**酸素を使わない呼吸をする生物のほうが先輩**なんだ」

🐱「にゃんだって？」

👨「地球上に最初の生物が誕生したのは約40億年前くらいといわれているけど、当時は大気中に酸素がなかったから、酸素を使わない呼吸をしていたんだよ」

🐱「酸素がない地球だったにゃ？」

「そうなんだよ。だから酸素を使わない呼吸は、酸素を嫌うという意味で**嫌気呼吸**といい、嫌気呼吸をする細菌を**嫌気性細菌**などというんだ」

「酸素がなくて呼吸？ 頭がこんがらがってきたにゃん」

「そうだな、わかりやすくいえば、呼吸の最大の目的は<u>エネルギーを生み出す</u>、つまり、<u>ATPを充電すること</u>なんだが、太古の生物はそれを酸素なしで行ったんだよ！」

「嫌気の意味がわかったにゃん。じゃあ、ウチらみたいに、酸素を使う呼吸をにゃんていうにゃ？」

「それは酸素呼吸ともいうし、**好気呼吸**ともよばれているよ。古代の地球上で光合成細菌によって酸素濃度が徐々に酸素が増えてきた約20億年頃前に、好気呼吸する生物、**好気性細菌**が現れたといわれているんだ」

「嫌気性細菌のほうが先輩にゃ！」

嫌気性細菌　　　好気性細菌

「この2種類の細菌には決定的な違いがあるんだ。わかるかな？」

「にゃんだか好気性細菌のほうが元気な気がするにゃ！」

「そうだろう。その理由は…酸素を使った化学変化といえば、やはり燃焼だ！　たとえば、酸素と水素の混合気体に点火すると大きな音を出して爆発するだろ」

$$2H_2 + O_2 \longrightarrow 2H_2O$$

🐱「昔、学校でやったにゃん。すごく大きな音がしたにゃ！」

👦「もしくは、木造の家が酸素と反応してエネルギーが発生することを火事というが、この時には膨大なエネルギーが出るよね」

🐱「近所が火事の時は熱かったにゃ！」

👦「それと同じような反応が、好気性細菌の中で起こるんだよ。好気呼吸には次のような特徴があるんだよ」

酸素を使った呼吸 ▶ 好気呼吸 ▶ 膨大なエネルギーが得られる ▶ 多くのATPが合成できる!!

🐱「好気性細菌はすごいにゃ！」

👦「好気性細菌が現れて間もなくして、嫌気性細菌と好気性細菌は1つの細胞の中で一緒に住み始めたと考えられているんだ。これが**共生進化説**だ」

🐱「これはおもしろいにゃ！　好気性細菌は何かミトコン嬢と似ているにゃ」

👦「似ているんじゃなくて、その好気性細菌がミトコンドリアだよ」

🐱「ええ～、じゃあ、やっぱり別の生物にゃんだ！」

👦「確かに、ミトコンドリアはDNAも別だし、自分で増殖しているが、今

は彼らも単独では生きていけないんだよ。われわれの細胞もミトコンドリアなしには生きていけないし、まさに共生生活をしているんだ。**みんなで1つの細胞なんだ**」

「すごくおもしろい話にゃ！ 進化の結果ウチがいるにゃ、ウチはすごいにゃ！」

「別に君がすごいわけではないが、君の細胞は素晴らしいんだ。共生生活を始めて約20億年も上手くやっているなんて、人間の家族の比ではない！」

「ウチも20億年頑張るにゃ！」

「まあ、少なくとも20分くらいは頑張りたまえ。ところで、現代のわれわれの細胞の呼吸なんだが、嫌気呼吸と好気呼吸の2つの過程があるんだ！」

「それって、昔のまんまにゃ」

「そうなんだよ。こっちを見てごらん」

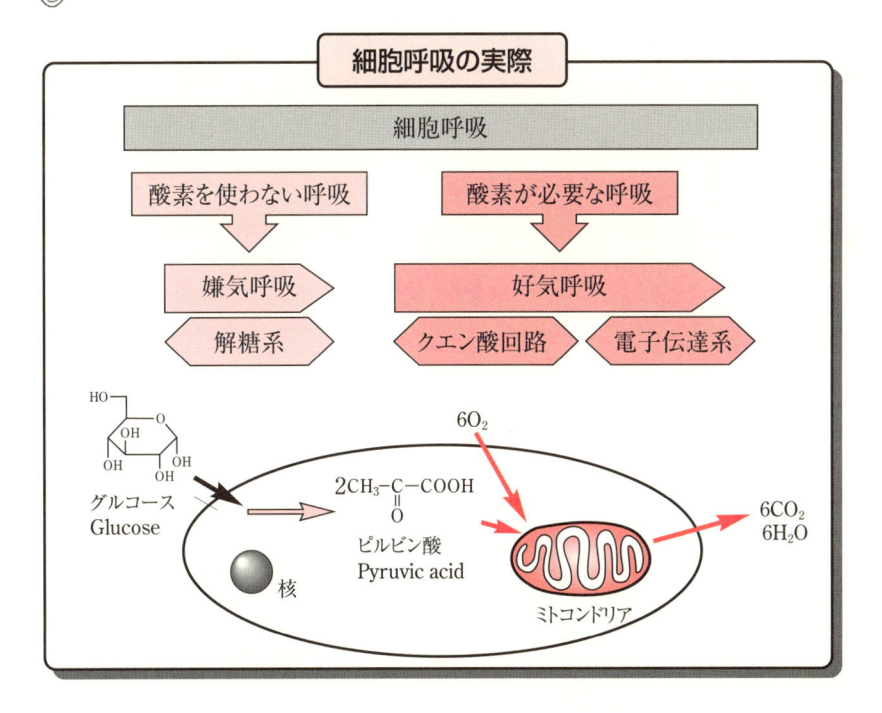

細胞呼吸の実際

細胞呼吸

- 酸素を使わない呼吸 → 嫌気呼吸 → 解糖系
- 酸素が必要な呼吸 → 好気呼吸 → クエン酸回路、電子伝達系

グルコース Glucose → $2CH_3-\underset{\underset{O}{\|}}{C}-COOH$ ピルビン酸 Pyruvic acid

$6O_2$ → ミトコンドリア → $6CO_2$ $6H_2O$

第14回●解糖系ってにゃんだ？

「解糖系って過程は嫌気呼吸だから、元気のないほうの呼吸にゃ！」

「そうなんだよ。酸素を使わないから、ATPをたくさんつくれないんだ。直接にはグルコース1分子から2ATPだけだよ。昔の嫌気性細菌の部分だからな！」

「おもしろいにゃ！」

「そうだろう。嫌気呼吸が起こっている部分は、**細胞質基質**または**サイトゾル（Cytosol）**というんだが、ミトコンドリアなどの細胞小器官を除いた部分だよ」

「サイトゾルってよく本に書いてあるにゃん」

「原始的な嫌気性呼吸細胞の部分だと思えば、理解しやすいだろ！」

「せんせー、ありがとう。これで完璧にゃ！」

「いやいや、ちょっと待て。これはかなり大雑把な図だから、この詳細を知らなければならないよ。まずはピルビン酸だ！」

「ピルビン酸の化学式を覚えなければいけないにゃ？」

「もちろん！　とくにキーになる物質は構造をちゃんと知らなければ。ピルビン酸はミトコンドリアに渡す重要な物質だから、その構造を知らなくて、生化学は語れないくらいだ！」

「じゃあ、覚えるにゃ！」

「よしよし、次を見なさい。ピルビン酸はアセチル基とカルボキシ基（カルボキシル基）を両方持っているんだよ」

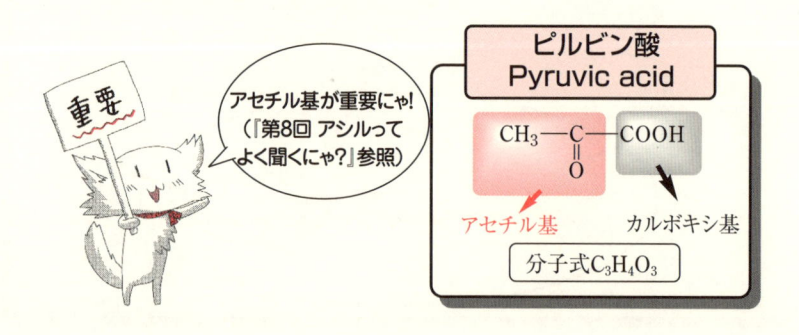

ピルビン酸
Pyruvic acid

$CH_3-C-COOH$
       $\|$
       O

アセチル基　カルボキシ基

分子式 $C_3H_4O_3$

アセチル基が重要にゃ！
（『第8回 アシルってよく聞くにゃ？』参照）

重要

「確かにシンプルにゃ」

「それから次のページに解糖系の流れを書いておいたから見てみなさい（112、113ページ参照）」

「こっこっ、これを全部覚えるにゃ？」

「基本的にはそうなんだよ！」

「うっうっ……頑張るにゃ！　ウチ、ゴロつくるの得意にゃ！」

<u>ブドウ</u>が来る頃、　　　<u>苦労</u>して　　　<u>風呂</u>に　　　<u>フルーツ</u>いろいろ

（ブドウ糖＝グルコース）　（グルコース6リン酸）　（F6P）　　　（F1,6BP）

並べた。

これがF1,6BPまでにゃ!

<u>あせった爺</u>さん、　　<u>GAP</u>のシャツを　　<u>椅子</u>に干し、　　<u>竿</u>に干し、

（ジヒドロキシ　　　　（GAP）　　　　　（1,3-ビスホス　　（3-ホスホグリセリン酸）
アセトンリン酸）　　　　　　　　　　　　　ホグリセリン酸）

<u>2枚</u>干したら、　　　<u>ペプシ</u>と　　　<u>ビールをビンで飲んだ</u>

（2-ホスホグリセリン酸）　（PEP）　　　　（ピルビン酸）

第14回●解糖系ってにゃんだ？

解糖系 〜ゆるいバージョン〜

- グルコース（ブドウ糖）
- ① 律速段階 ヘキソキナーゼ
- グルコース-6-リン酸
- ② F6P フルクトース-6-リン酸
- ③ 律速段階 6-ホスホフルクトキナーゼ
- F1,6BP フルクトース-1,6-ビスリン酸
- ④
- GAP グリセロアルデヒド-3-リン酸
- ⑤ ジヒドロキシアセトンリン酸
- ⑥ 2NAD$^+$ / 2NADH + 2H$^+$
- 1,3-ビスホスホグリセリン酸
- ⑦ 3-ホスホグリセリン酸
- ⑧ 2-ホスホグリセリン酸
- ⑨ PEP ホスホエノールピルビン酸
- ⑩ 律速段階 ピルビン酸キナーゼ
- ピルビン酸
- 乳酸
- ミトコンドリア

律速段階…解糖系の速度を決める反応（酵素名を表記してある）

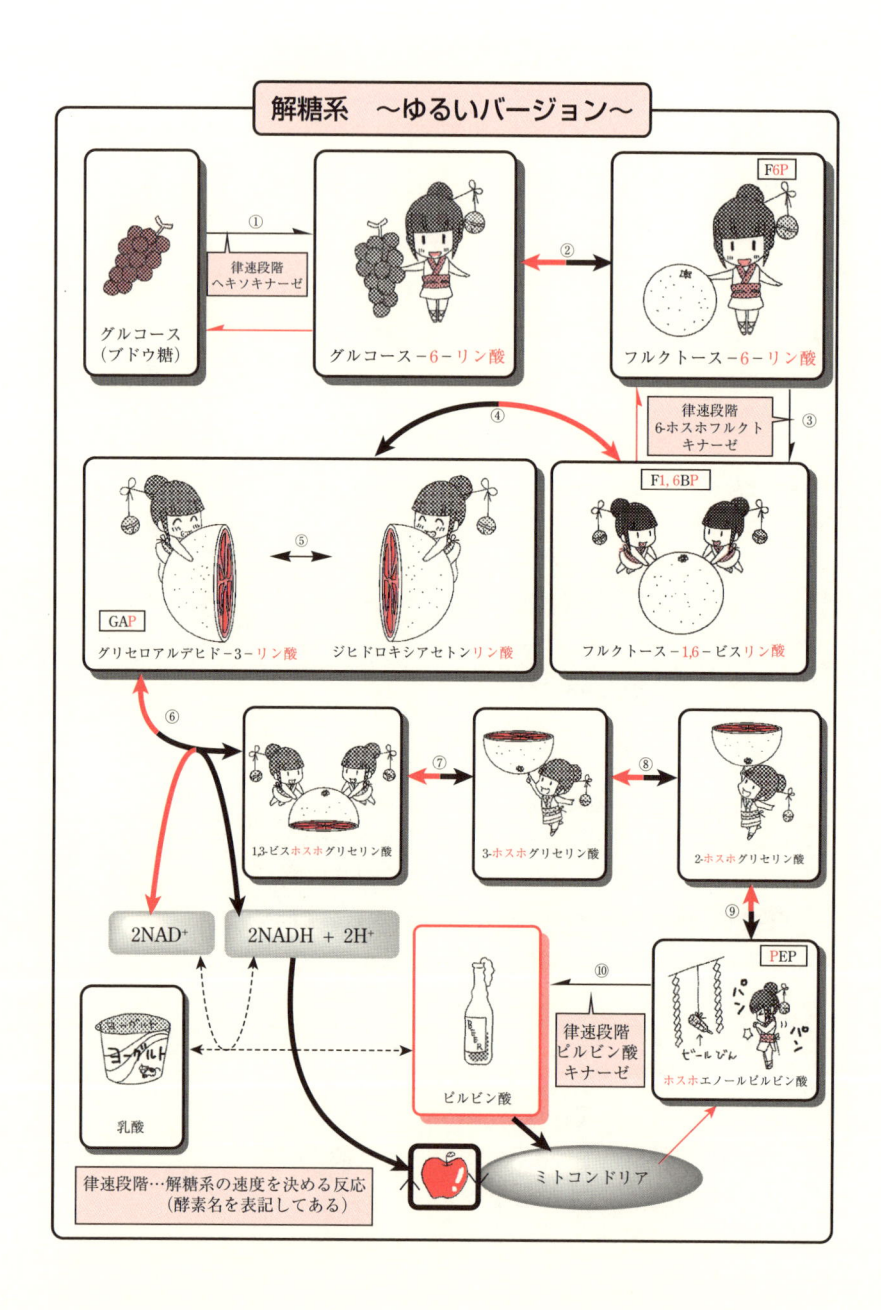

VII 炭水化物の代謝（解糖系）

解糖系

Glc グルコース Glucose

G6P グルコース-6-リン酸 Glucose-6-phosphate

F6P フルクトース-6-リン酸 Fructose-6-phosphate

F1,6BP フルクトース-1,6-ビスリン酸 Fructose-1,6-bisphosphate

GAP グリセルアルデヒド-3-リン酸 Glyceraldehyde-3-phosphate

DHAP ジヒドロキシアセトンリン酸 Dihydroxyacetonephosphate

BPG 1,3-ビスホスホグリセリン酸 1,3-bisphosphoglycerate

3PG 3-ホスホグリセリン酸 3-phosphoglycerate

2PG 2-ホスホグリセリン酸 2-phosphoglycerate

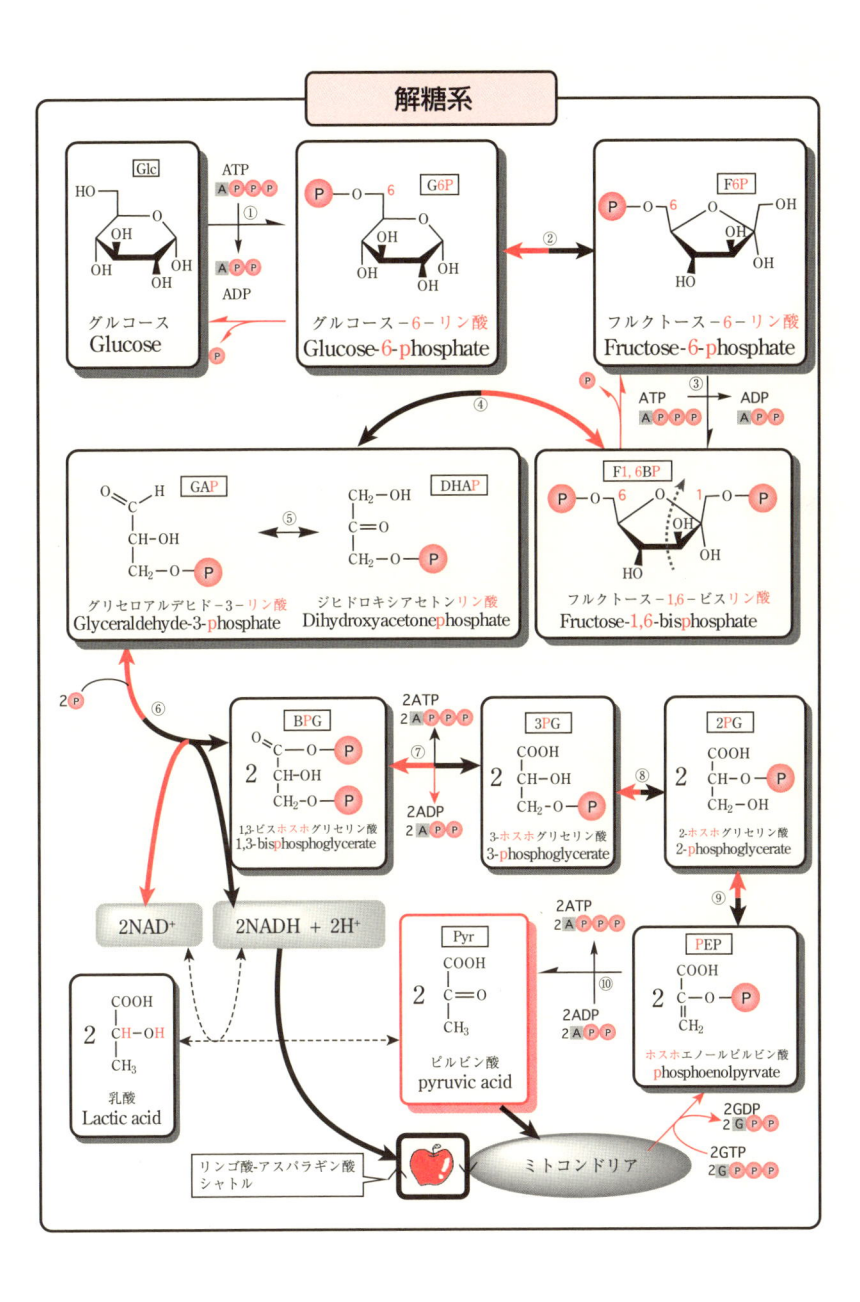

PEP ホスホエノールピルビン酸 phosphoenolpyrvate

Pyr ピルビン酸 pyruvic acid

乳酸 Lactic acid

リンゴ酸-アスパラギン酸シャトル

ミトコンドリア

物質の代謝

第14回●解糖系ってにゃんだ？　113

「せんせー、何に注意して覚えるにゃ？」

「まず、リン酸 P の動きだ！ ATP は①③で2個減り、⑦⑩で4個増えているから、グルコースからピルビン酸をつくる過程で合計2個増えているんだ！ 図の赤い矢印は逆にグルコースに戻す反応だから、今は意識しなくていいよ」

「本当だにゃ。図を見ると①③はATPのリン酸 P が移動しているにゃ！」

「そうだよ、⑦⑩では ADP がリン酸 P を受け取り ATP になっているだろ」

「本当だにゃ」

「これらの反応はすべて酵素が媒介するわけだが、その時、リン酸がくっついてないと起こらない反応がたくさんあるんだ。リン酸は解糖系の裏で大活躍する、まさに忍者なんだ！」

「おりんちゃんすごいにゃ」

「④の反応などは、フルクトースだけでは反応が起こらないから、2つもリン酸（おりん）がくっついて、真ん中から分かれるんだ！」

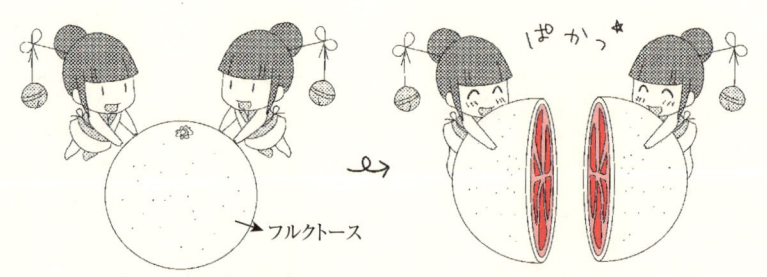

フルクトース-1,6-ビスリン酸　　グリセロアルデヒド-3-リン酸　　ジヒドロキシアセトンリン酸

「解糖系はなかなかおもしろいにゃ！」

「そうだよ。この図は何回も眺めたり、書いたりしてマスターするんだよ！」

「頑張るにゃ！」

レベルアップ問題

次の問題に答えて！

1. 解糖系は嫌気呼吸か好気呼吸か？
2. 解糖系からミトコンドリアに渡す物質は何か？
3. ピルビン酸に存在する基の名前を次の中から2つ選べ。

カルボキシ基、アルデヒド基、エチル基、アセチル基、ホルミル基

4. ピルビン酸の炭素数は何個か答えよ。
5. ホスホエノールピルビン酸の略語として最も適当なものを選べ。

    GAP FEP PEP FOP

6. グリセリン酸の構造として最も適当なものを選べ。（113ページの図"解糖系"を参照）

(1)
COOH
|
CH_2
|
CH_3

(2)
COOH
|
CH_2
|
CH_2-OH

(3)
COOH
|
CH—OH
|
CH_2-OH

(4)
COOH
|
CH—OH
|
COOH

答え
1. 嫌気呼吸
2. ピルビン酸
3. アセチル基、カルボキシ基（カルボキシル基）
4. 3個
5. PEP
6. (3)が正解

   ^{1}COOH
   |
   ^{2}CH—OH ← 赤いHにリン酸が結合すれば2-ホスホグリセリン酸
   |
   ^{3}CH_2—OH ← 赤いHにリン酸が結合すれば3-ホスホグリセリン酸

第15回 ビフィズス菌は便秘に良いにゃ？

🐱「せんせー、ウチ、便秘がひどいにゃ！」

👨「そんな事をレディが大きな声でいうものではないぞ！」

🐱「じゃあ、小さな声でいうにゃ。ウチ、便秘だにゃ！」

👨「まあ、便秘の体操したり、便秘薬を飲んだらどうだ？」

🐱「嫌じゃ〜、もっとよい方法がきっとあるにゃ、せんせーはにゃんでも知っているにゃ！」

👨「君の便秘のことなんぞ詳しくない！ うんこの事くらい自分で考えなさい」

🐱「一番簡単な方法を教えてにゃ」

👨「しょうがないな、一番簡単な方法はグリセリンの50％溶液を腸に入れる方法かな？」

🐱「それって、もしかして……浣腸じゃあ？」

👨「当たり！ グリセリンは浣腸液として有名だ、よく知っていたね。さすが、便秘の達人！」

🐱「いやや〜、ウチ、浣腸にゃんて。子供じゃないし」

👨「簡単に解決しようとするからだよ。根本から直すのが一番いいと思うぞ」

🐱「根本ってにゃ〜に？」

👨「それは腸の活動を正常化させるということだよ！」

🐱「そんな抽象的な表現ではわからへん

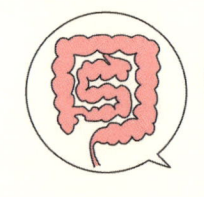

VII 炭水化物の代謝（解糖系）

「にゃ〜」
「そうだな、腸で重要なことといえば、腸内細菌だ！」
「それならわかるにゃ、ビフィズス菌にゃ！」
「そうそう、それも腸内細菌だね！　腸内細菌のバランスを整えればよくなる場合が多いんだよ」
「どうすればいいにゃ？」
「まずは腸内細菌を知ることだ。それには"**解糖系**"なんだよ！」
「ええーっ、解糖系！？」
「そうなんだよ。君の好きなミトコンドリアを持たない生物だ！」
「ミトコンドリアと一緒に住んでいない生物がいるにゃ？」
「もちろんたくさんいるよ。生命にとって一番重要なエネルギー源はATPだが、ミトコンドリアがいなくても解糖系で少しはATPができるだろう」
「そうだったにゃ、前回やったにゃ」
「だから、ミトコンドリアがいなくても成り立つんだよ」
「ミトコンドリアと住んでない細胞があるわけにゃ！」
「そうなんだ。**原核生物**とよばれる核を持たない生物達は、基本的にミトコンドリアを持っていないんだ！　**腸内細菌**は全部この**原核生物**なんだよ」
「おもしろいにゃ！　ミトコン嬢がいないと解糖系はどうなるの？」
「解糖系はおもしろいぞ！　解糖系をおおざっぱに見るとグルコースからピルビン酸をつくっているといっただろ」
「そうだったにゃ」
「解糖系で、細胞に入ったグルコースがピルビン酸になる反応を分子式で見てみると、おもしろいことがわかるんだ！」

$$C_6H_{12}O_6 \longrightarrow 2C_3H_4O_3 + 4H$$
グルコース　　　　ピルビン酸

$$4H^+ + 4e^-$$

🐱「水素 H が余るにゃ！」

👤「そうなんだよ。この H を運ぶ水素伝導体とよばれる運び屋がいるんだ！ $H \rightarrow H^+ + e^-$ の式を見てもわかるとおり、水素の中には潜在的に電子（e^-）が含まれているから、最近は水素伝導体といわず電子伝導体というんだよ！」

🐱「水素と電子を運んでいる人にゃ！」

👤「そうそう。解糖系の電子伝導体は具体的には NAD^+ という物質で、こんな感じの物質なんだ！」

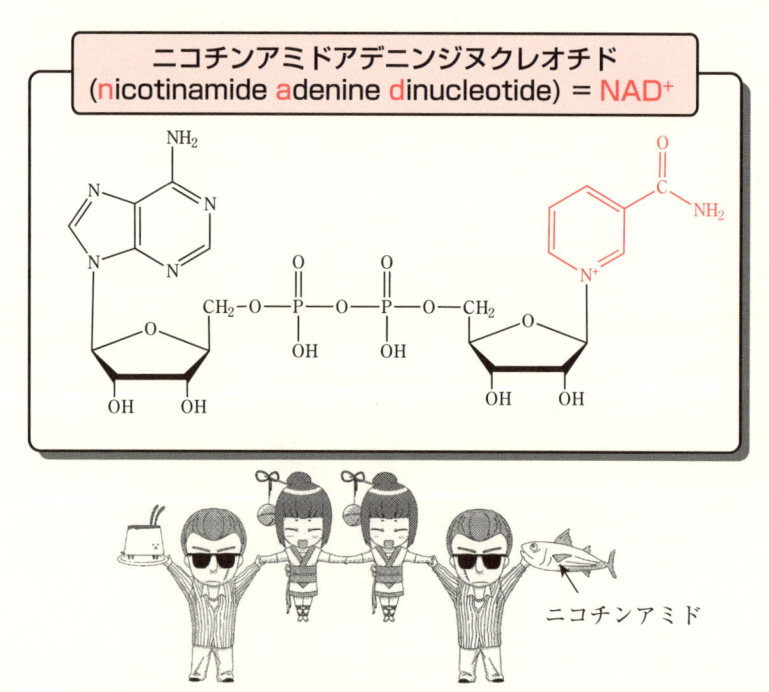

ニコチンアミドアデニンジヌクレオチド
(nicotinamide adenine dinucleotide) = NAD^+

ニコチンアミド

🐱「ボスとおりんちゃんがたくさんいるにゃ。はじっこにある魚はにゃ〜に？」

😀「それはカツオやマグロなどにたくさん入っているニコチンアミドだよ！」

🐱「ニコチンが入っているにゃ？」

😀「アホか〜、それでは死んでしまうぞ！ニコチンアミドはニコチンとは違うんだ。ニコチンアミドはナイアシンアミドとかビタミン B_3 誘導体と呼ばれ、からだに大切な物質なんだ！」

🐱「ビタミン B_3 にゃのか〜。からだによさそうにゃ！」

😀「そうだ。非常に重要な電子伝導体の一部なんだ。NAD^+ が余った水素を受け取るんだよ！」

🐱「にゃるほど。受け取った後はどうなるにゃ？」

😀「再生しなければならないから、ピルビン酸から乳酸ができてしまうんだ。原核生物の解糖系の図を見てごらん！」

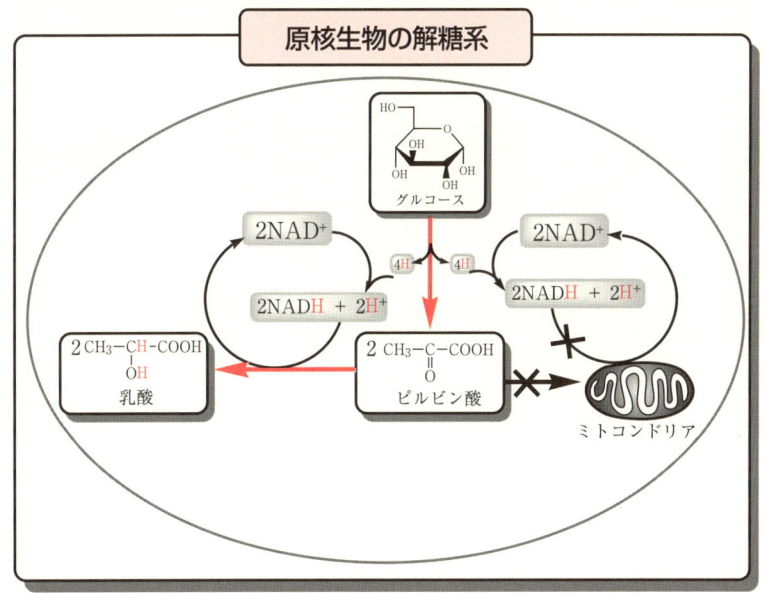

原核生物の解糖系

グルコース

$2NAD^+$ ⇄ $2NADH + 2H^+$ （4H）

$2NAD^+$ ⇄ $2NADH + 2H^+$ （4H）

$2\ CH_3-CH-COOH$
　　　　$|$
　　　　OH
乳酸

$2\ CH_3-C-COOH$
　　　　$||$
　　　　O
ピルビン酸

ミトコンドリア ✗

🐱「本当にゃ、乳酸ができるとき $NADH$ が NAD^+ に再生しているにゃ！」

😀「ミトコンドリアがいる細胞なら、ピルビン酸はミトコンドリアが食べ

第15回●ビフィズス菌は便秘に良いにゃ？

「て、NADH＋H⁺もミトコンドリアが再生するんだが、ミトコンドリアがいなければ、その経路がないわけだからどんどん乳酸になってしまうんだ！」

　「この図はわかりやすいにゃん、専門書にこんな図ないにゃ！　でも、NADH＋H⁺をすぐに再生しなくてもいいんじゃないにゃ？　細胞の中にNAD⁺ってきっとたくさんあるんじゃないにゃ？」

　「そんな事はない。**ビタミンは人間でも自分の体内で合成できない**んだ！　つまり、ビタミン B_3 を含む NAD⁺ だって、細胞の中では貴重なんだよ」

　「そうだったにゃ、それなら、早く再生しなくては！」

　「そうなんだよ、わかるとおもしろいだろ！　さらに楽しませると、グルコースから乳酸の反応式を書いてみるとビックリだよ」

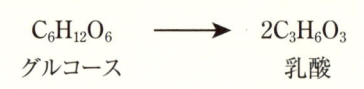

$$C_6H_{12}O_6 \longrightarrow 2C_3H_6O_3$$
$$\text{グルコース} \qquad\qquad \text{乳酸}$$

　「反応式が綺麗！　水素が余らないにゃん」

　「そうなんだよ。つまり、**解糖系の行き着く先は、ミトコンドリアがいなければ、乳酸になるというのが自然**なんだよ！　これが基本だ」

　「本当におもしろいにゃ、ありがとにゃん！」

　「乳酸以外にも、エタノールや酪酸をつくるバクテリアもいるからね」

　「わかったにゃん。そうだ、便秘の話をしてにゃ！」

　「そうだね。腸内細菌も原核生物で嫌気性のバクテリアだから、ミトコンドリアがいないんだよ。われわれのからだをつくる細胞の数が約60兆〜70兆個といわれているが、腸内細菌の数は100兆個ともいわれていて、すごく多いんだよ！」

　「そんなに多かったら、腸内細菌が増えて太りそうだにゃん！」

　「それは大丈夫なんだ。彼らは小さいから、人間なら全部で1〜2kgとい

うところだ．でも毎日かなりの数が死んでいるから，われわれのうんこの半分くらいは腸内細菌の死骸といわれているんだよ！」

🐱「すごいにゃ！　その量が多いほど，腸内は健全にゃ？」

👤「いやいや，量より質なんだ．**善玉菌**とか**悪玉菌**とか聞いたことないかい？」

🐱「あるある，ビフィズス菌はからだに良いからきっと善玉菌にゃ！」

👤「そうそう．とくにビフィズス菌のように乳酸をつくるバクテリアは善玉菌の代表なんだ！　それに，便秘が治ると吹き出物とかが減って，肌が綺麗になるというのは女性の間ではよくいわれているのではないか？」

> 腸内のビフィズス菌などの善玉菌が増えると，善玉菌達がビタミンB群やビタミンKなんかを合成すると聞いたことあるにゃ！
> 特にビタミンBは美肌に欠かせないとよく書いてあるニャ！
> サプリや点滴で入れる美容術もあるんだから，もし腸内の善玉菌を増やせれば安く済むかも知れないニャー！！！！

（何故こいつはスキンケアに関してだけこんなに真剣なんだ…）

🐱「せんせー，腸内のビフィズス菌，善玉菌を増やす方法を今すぐに教えてにゃ！　確実なやつでなくちゃダメにゃ！　今すぐに教えるにゃ，今すぐ！！」

👤「なに殺気だっているんだ？　ビフィズス菌を食べればいいじゃないか」

🐱「どこに売ってるにゃ？　どこを泳いでるにゃ？　どこに隠れているにゃ？」

👤「落ち着け，シャペロン！　普通にヨーグルトを食べれば大丈夫だ！」

「にゃんでヨーグルトに腸内細菌が入っているにゃ？」

「おいおい、ビフィズス菌などの腸内の善玉菌はグルコースから乳酸をつくるやつが多いといったろ？」

「確かに聞いたにゃ」

「その**乳酸をつくる腸内細菌は、乳酸菌**というんだよ！」

「ええ～～！ じゃあ、乳酸菌って腸内細菌なの？」

「そうだよ。腸内細菌に牛乳を与えて生成した乳酸で牛乳のタンパク質が凝固したものが、ヨーグルトだよ！ 牛乳以外の乳でもできるが、日本での通常の**ヨーグルト**とは、**腸内細菌凝固牛乳**みたいなものだな」

「にゃんてこった、ビックリだにゃ！」

「そうだろう。ヨーグルトを食べるということは、ヨーグルト内の乳酸菌、つまり腸内の善玉菌を食べているんだから、からだに良いわけなんだよ！ 人間も生まれたばかりの時は、腸内は無菌に近いといわれているんだ。時間が経つにつれ腸内にも細菌が定着するんだよ！」

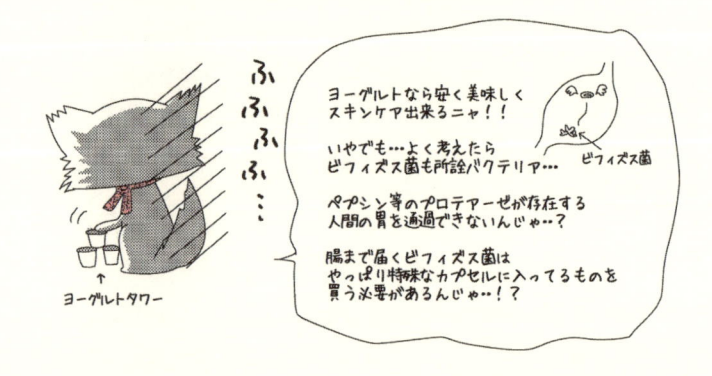

これをやろう！

毎日いきいき!!!
腸内細菌
凝固牛乳☆

ち…腸内…

ふふふふ…

ヨーグルトなら安く美味しくスキンケア出来るニャ！！

いやでも…よく考えたらビフィズス菌も所詮バクテリア…

ペプシン等のプロテアーゼが存在する人間の胃を通過できないんじゃ…？

腸まで届くビフィズス菌はやっぱり特殊なカプセルに入ってるものを買う必要があるんじゃ…！？

ビフィズス菌

ヨーグルトタワー

「せんせー、乳酸菌は腸まで届かないって聞いたことあるにゃ」

「そうだね。届きにくいらしいが、最近は腸まで届く乳酸菌が入ったヨーグルトもたくさん売っているよ。腸まで届くカプセルに入ったビフィズス菌も売っているみたいだよ」

「す、す、すばらしいにゃ！　これでまた、肌が美しくなるにゃ！」

「えっ、君は**うんこ**を出したかったんではないのか？」

「失礼にゃ、レディーに向かって**うんこ**にゃんて！」

「君から**うんこ**の話をしてきたんだろ！　まあいい。それより、われわれのからだのように核を持つ細胞で構成される生物を真核生物というけど、真核生物の細胞にはもちろんミトコンドリアがいるんだよ」

「そうだったにゃ！」

「しかし、筋肉とかで急激な運動を行うと、酸素のいらない解糖系の反応はものすごいスピードでピルビン酸をつくるけど、ミトコンドリアは酸素不足になって　ピルビン酸を食べなくなるから、原核生物と同じように、乳酸をつくってしまうんだよ」

「だから、運動をすると乳酸がたまるにゃ。乳酸ができる過程はそのくらい自然の流れにゃ！」

「そうなんだよ。そのたまった乳酸は肝臓に運ばれ、糖新生といって、再び解糖系の逆反応をしてグルコースに戻されるんだよ。そして、筋肉に再びグルコースが送られるんだよ！　この回路はコリ回路というんだ！」

物質の代謝

コリ回路

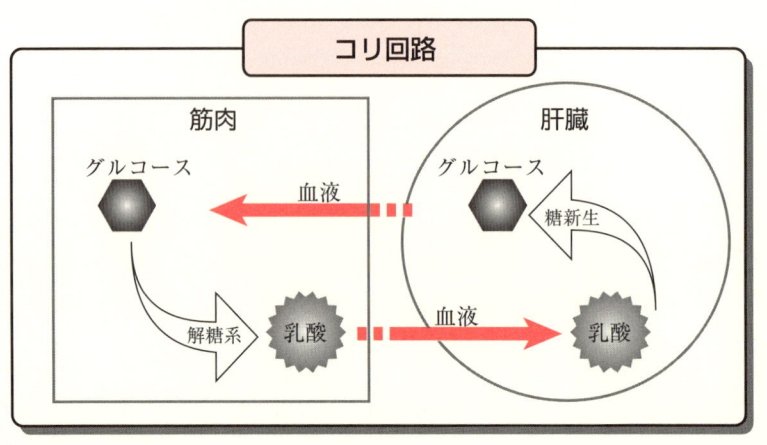

筋肉: グルコース ← 血液 ← 肝臓: グルコース（糖新生）
筋肉: グルコース →(解糖系)→ 乳酸 → 血液 → 肝臓: 乳酸

🐱「おもしろいにゃん！ でも、乳酸からグルコースに戻すのは、筋肉ではやっていないにゃ？」

🧑「そうなんだよ。そこは分業で、乳酸→グルコースに戻すのは肝臓の役割なんだよ！ 第14回で解糖系の詳しいフローを書いておいたけど、そこにも乳酸→グルコースに逆行する流れを書いておいたよ。ピルビン酸から直接PEPに戻れないから次の経路で戻るよ！ 113ページの解糖系のフローを指で追ってごらん（⬌の矢印はどちらにも移動できるよ）」

肝臓での糖新生の流れ

乳酸 → ピルビン酸 → （ミトコンドリア） → ホスホエノールピルビン酸 → 2-ホスホグリセリン酸 →→→→ グルコース

🐱「すごろくみたいに戻れるにゃ」

🧑「そうなんだよ。それと、乳酸が筋肉にたまると、血液は酸性化するよ！」

🐱「にゃるほど。血液が酸性化したら、乳酸がたまってきた可能性があるにゃ」

🧑「そのとおり。1つのことがきちんとわかると、話がどんどん繋がっていくんだよ！ それを実感しやすいのがこの生化学の特徴だ！ どんどん

頑張りなさい！」

「ありがとうにゃ、ヨーグルト食べるにゃ！」

「そうだったな。健全な肉体は健全な腸内細菌からなるんだ！　しっかり食べて、健全な**うんこ**を出しなさい」

「また、うんこっていったにゃ〜！　ウチはレディーだから、うんこしないにゃん！」

「そうだった、便秘だったな！」

「もぉ〜！！」

レベルアップ問題

次の問題に答えて！

1. 解糖系で1分子のグルコースから、いくつの NADH + H^+ のセットが生成されるか？
2. NAD^+ は何を伝導するものか？　最も適当なものを選べ。
   ①ホルモン　　②イオン　　③グルコース　　④電子
3. ニコチン酸は以下のうちどのビタミンか？
   ①ビタミン A　②ビタミン B_3　③ビタミン B_2　④ビタミン C
4. 解糖系で1分子のグルコースから、いくつのピルビン酸が生成されるか？
5. 筋肉でたまった乳酸はどの臓器に集められるか？
6. 糖新生を行う臓器はどこか？

答え
1. 2個　　2. ④　　3. ②　　4. 2個　　5. 肝臓　　6. 肝臓

第 15 回●ビフィズス菌は便秘に良いにゃ？

VIII 炭水化物の代謝（クエン酸回路）

第16回 クエン酸回路ってにゃんだ？

🐱「せんせー、クエン酸回路って見ていると頭痛がするにゃ。いったいこのぐるぐるは何をやっているにゃ？」

👨「それはよい質問だ！ **"木を見て森を見ず"という状態になりがちなのがこの生化学**なんだ。初学者はまず、森を見る、つまり全体を見ることが重要だよ！」

🐱「そうなのよ、ひとつひとつ見て頑張ろうとしてもからだが拒絶している気がするにゃん」

👨「まずは、全体像からだよ！ ミトコンドリアはわがままだったから、グルコースは食べないけどピルビン酸を食べるよね」

🐱「そうだったにゃ！」

👨「その**ピルビン酸 $C_3H_4O_3$ から水素を取り出すのが目的**なんだよ！」

🐱「炭素 C はどうなるにゃ？」

👨「C は CO_2 にするんだよ。ピルビン酸だけだと酸素 O が足りないから、H_2O を使うよ！ 水はそこら中にあるからね。さっそく反応式を見てもらおう！」

$$C_3H_4O_3 + 3H_2O \longrightarrow 3CO_2 + 10H$$
ピルビン酸

$10H \rightarrow 10H^+ + 10e^-$

🐱「水素を取り出すといいことあるにゃ？」

「呼吸は**解糖系**→**クエン酸回路**→**電子伝達系**の順に進行するのは前に話したけど、**電子伝達系で水素 H を使うんだよ！**」

「わかったけど、にゃんで水素を使うのに**電子伝達系**というにゃ？」

「水素伝達系でもよいのだが、$H \rightarrow H^+ + e^-$ の式のとおり、H の中には電子 e^- が含まれているので、**H を伝達する＝電子 e^- を伝達する**ことだと思ってくれ！」

「わかったにゃ、早く次にいくにゃ！」

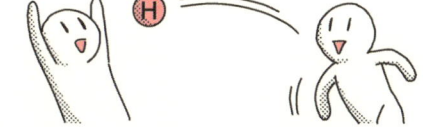

「そう急ぐな。いきなり見るとまた頭痛がするぞ。クエン酸回路で得た水素つまり電子を運搬する物質の名前を覚えているかい？」

「うう～ん、確か前の回でやったにゃ、**NAD^+** だにゃ！」

「そのとお～～り、よく覚えていてくれた！　わたしゃ嬉しいよ。今日はもう 1 つ電子伝導体を覚えてくれ！」

「わかったにゃ！」

「その名前は **FAD** だ！　NAD^+ と同様、電子伝導体だ！　構造はリボフラビン（ビタミン B_2）に ADP が付いているだけだ！」

重要な電子伝導体

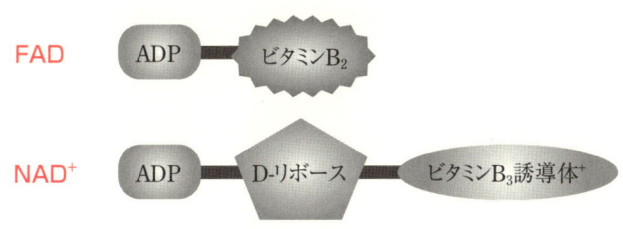

FAD　ADP —— ビタミンB_2

NAD^+　ADP —— D-リボース —— ビタミンB_3誘導体$^+$

「図で見ると簡単にゃ！　先端にビタミン B っていういのが付いているにゃ！」

「そうなんだよ。このビタミン B が電子を運んでくれるんだよ！」

「ビタミン B は重要にゃ！　**FAD** も **NAD^+** も一緒に水素というか電子を

運ぶにゃ？」

「そうなんだ。次のように考えればよい！」

FAD ＋ 2H → FADH$_2$

NAD$^+$ ＋ 2H → NADH＋H$^+$

「どちらも水素2個を運んでいるから、電子は2個と考えればいいよ！」

「この2つはとても似てるにゃ」

「そうなんだが、いる場所は全然違うんだ。**NAD$^+$**はミトコンドリアのマトリクス（Matrix）にいるんだが、**FAD**は内膜にへばりついているんだよ！」

「マトリクスってにゃ〜に？」

「**Matrix は『構造の内部を埋める場所』**みたいな意味で、ミトコンドリアの内側の部分をさすよ。それに細胞質基質もサイトゾルと教えたが、英語では cytoplasmic matrix とよぶこともあるんだよ」

「おもしろいにゃ！」

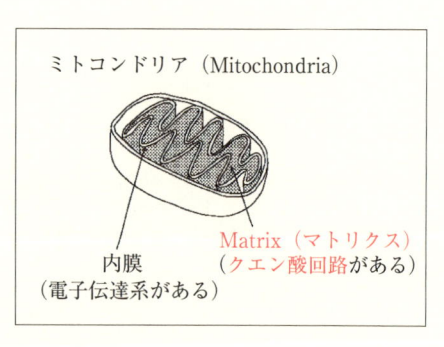

ミトコンドリア（Mitochondria）

内膜
（電子伝達系がある）

Matrix（マトリクス）
（クエン酸回路がある）

「ところで、水素（Hydrogen）を取る酵素を何というか覚えているかい？」

🐱「習った気がするにゃ。確か、ヒドイゲロダーゼみたいな名前だったにゃ！」

👨「ひっひっひどすぎる！ なんて、ヒドイナマエダーゼ！」

🐱「にゃんか、せんせーも変になってるにゃ！」

👨「まったく、名前の意味を考えてないからそんなことになるんだ！」

dehydrogenase（デヒドロゲナーゼ）

前半は水素（hydrogen）を取る（de）という意味だよ

aseは酵素によく使われる語尾だよ

👨「コハク酸から水素を取る酵素は"コハク酸デヒドロゲナーゼ"というんだが、実際には酵素複合体で、とくに**複合体Ⅱ**とよばれているんだよ。この複合体ⅡにFADが含まれているんだ！」

コハク酸デヒドロゲナーゼ ＝ 複合体Ⅱ ← FADが含まれる

🐱「にゃるほど、複合体ⅡにFADが含まれていて、コハク酸から水素を奪うにゃ！」

👨「そうそう、そこに注意して、クエン酸回路を見てみなさい！ まずはゆるいバージョン、次に真面目バージョンだ！」

第16回●クエン酸回路ってにゃんだ？

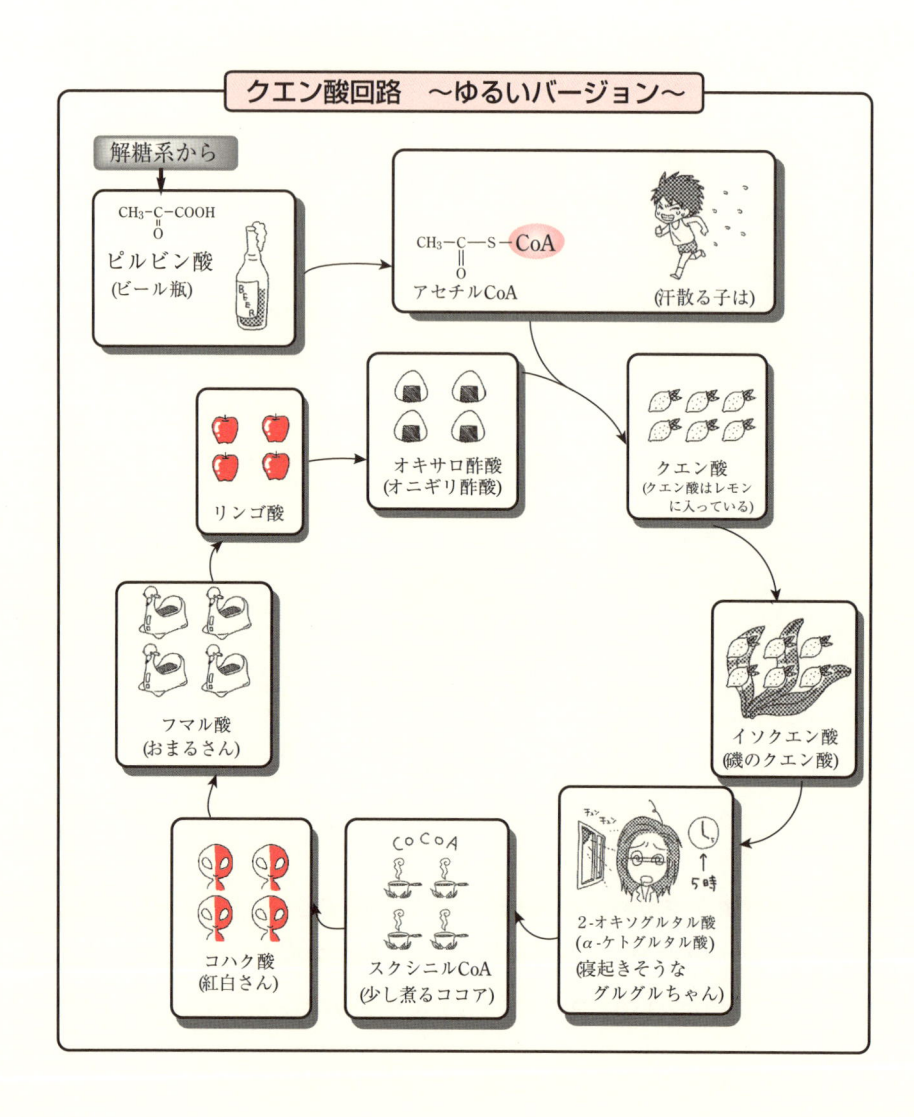

クエン酸回路 〜ゆるいバージョン〜

解糖系から

ピルビン酸
(ビール瓶)
$CH_3-C-COOH$
$\quad\ \ \parallel$
$\quad\ \ O$

アセチルCoA
$CH_3-C-S-CoA$
$\quad\quad\parallel$
$\quad\quad O$
(汗散る子は)

クエン酸
(クエン酸はレモンに入っている)

イソクエン酸
(磯のクエン酸)

2-オキソグルタル酸
(α-ケトグルタル酸)
(寝起きそうなグルグルちゃん)

スクシニルCoA
(少し煮るココア)

コハク酸
(紅白さん)

フマル酸
(おまるさん)

リンゴ酸

オキサロ酢酸
(オニギリ酢酸)

Ⅷ 炭水化物の代謝（クエン酸回路）

クエン酸回路／TCA回路／クレブス回路

[図：クエン酸回路（TCA回路）の代謝経路図]

- 解糖系から → ピルビン酸 ($CH_3-C(=O)-COOH$)
- ピルビン酸 + HS-CoA + NAD^+ → アセチルCoA ($CH_3-C(=O)-S-CoA$) + CO_2
- オキサロ酢酸 ($O=C(-COOH)-CH_2COOH$) + アセチルCoA + H_2O → クエン酸 ($CH_2-COOH / HO-C-COOH / CH_2-COOH$) + HS-CoA
- クエン酸 → cis-アコニット酸（H_2O脱離）
- cis-アコニット酸 + H_2O → イソクエン酸
- イソクエン酸 + NAD^+ → 2-オキソグルタル酸（α-ケトグルタル酸） + CO_2
- 2-オキソグルタル酸 + NAD^+ + HS-CoA → スクシニルCoA + CO_2
- スクシニルCoA + H_2O + GDP + P → コハク酸 + HS-CoA + GTP
- コハク酸 → フマル酸（FAD → $FADH_2$／複合体Ⅱ（コハク酸デヒドロゲナーゼ））
- フマル酸 + H_2O → リンゴ酸（$HO-CH-COOH / CH_2-COOH$）
- リンゴ酸 + NAD^+ → オキサロ酢酸

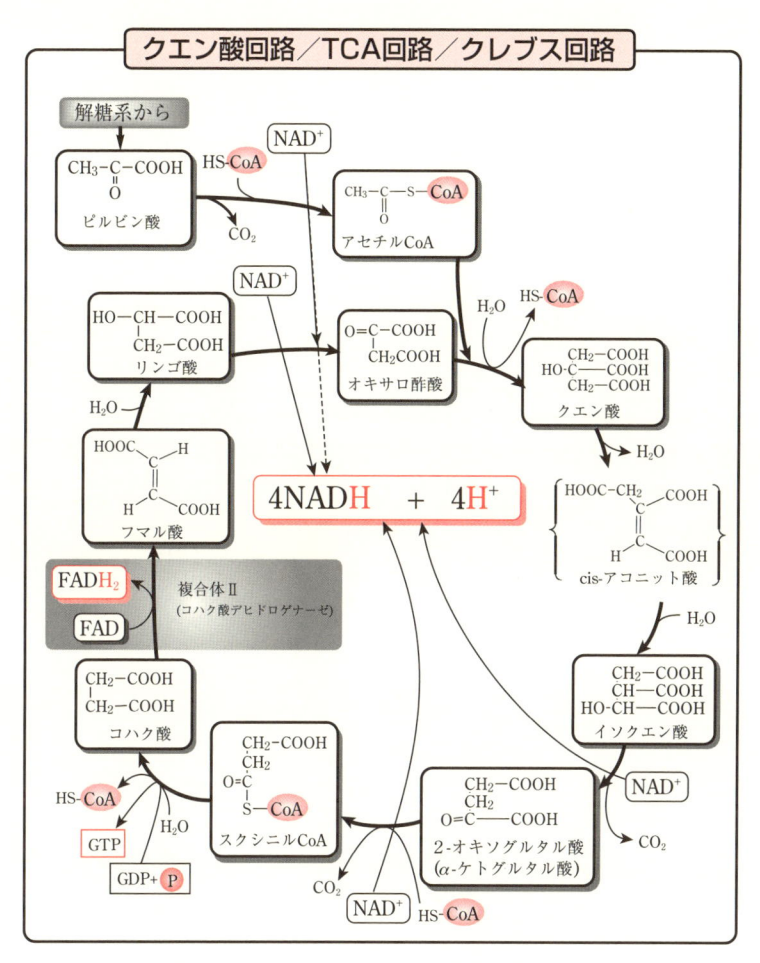

中央：**4NADH + 4H⁺**

🐱「コハク酸の所がわかったにゃん。確かに $FADH_2$ ができているにゃ！それに、中央にたくさん、$NADH + H^+$ が集まってきたにゃ！」

👨「別に中央に集まっているわけではないが、強調するとわかりやすいだろ！わからなくなったら、またこのページを見にきなさい」

🐱「わかったにゃん！」

👨「さて、解糖系ではグルコースからピルビン酸が2個できるんだったよね！」

第16回 ●クエン酸回路ってにゃんだ？

🐱「そうだったにゃん」

👨「よって、グルコースをスタートにすると、クエン酸回路は2回も回るんだから、FADH_2と4NADH＋4H^+のセットが2倍できるんだ！」

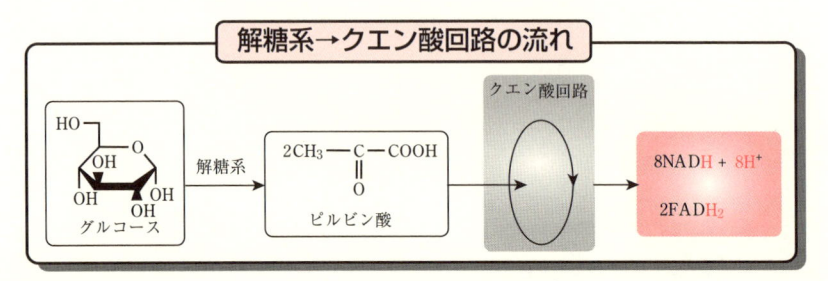

```
┌─────────── 解糖系→クエン酸回路の流れ ───────────┐
│                                      クエン酸回路        │
│  グルコース  →解糖系→  ピルビン酸  →  ◯  →  8NADH＋8H⁺  │
│  (HO-OH-OH)           2CH₃-C-COOH                2FADH₂ │
│                           ‖                              │
│                           O                              │
└──────────────────────────────────────────────────────────┘
```

🐱「にゃるほど、グルコースから数えたら2回転するから2倍にゃ。簡単だにゃ！」

👨「そうだろう、そうだろう。これで、クエン酸回路の一番重要な所を理解したんだよ！」

🐱「ウチ、すごいにゃん！ ところで、赤くなっている、CoAというのが、気になるにゃ」

👨「よしよし、CoAくらいすぐに教えてあげよう。これは補酵素Aという意味だよ！」

🐱「補酵素ってCoっていうにゃ？」

👨「知らないかな、コエンザイム（Coenzyme）って？」

> コエンザイムと言えば一世を風靡した美容界のクイーンコエンザイムQ10に違いにゃい！
> 美容サプリメント界に革命をもたらしたと言われた割にもう流行っていないやつにゃ！
> 先生はまたもや何か知っているかもにゃ！！！

> 興奮で目が充血している…

Ⅷ 炭水化物の代謝（クエン酸回路）

🐱「知っているにゃ！！ コエンザイム Q10 にゃにゃにゃにゃ！！！」

👤「落ち着け、シャペロン！ それは CoQ10 というもので、CoA ではないから！ 違うものなんだ！ 酵素は Enzyme、補酵素は Coenzyme だから、補酵素のことを Co と略しているんだよ！」

🐱「…………にゃんだ、早くいってちょ！」

👤「…よかった。CoA の構造でも見て落ち着きなさい！」

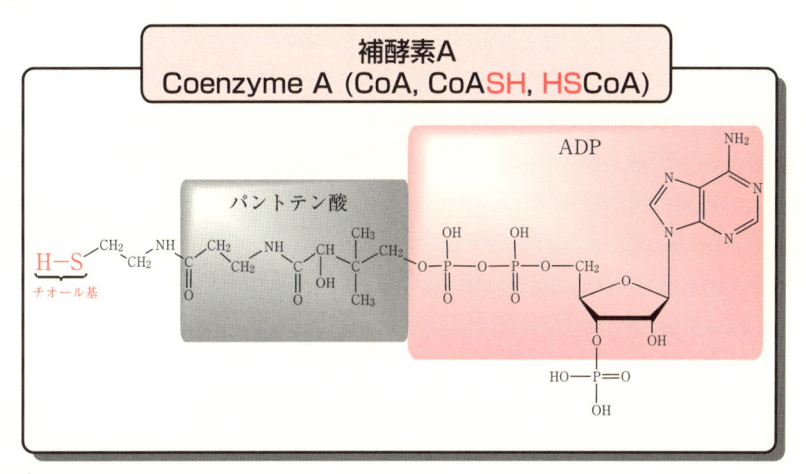

補酵素A
Coenzyme A (CoA, CoASH, HSCoA)

（構造図：チオール基 H–S … パントテン酸 … ADP）

🐱「にゃんだか複雑にゃ」

👤「そうか、ではもっと省略しよう！」

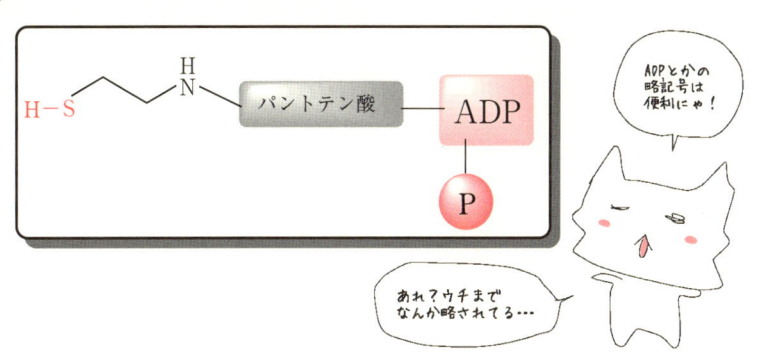

（簡略図：H–S – NH – パントテン酸 – ADP – P）

💬「ADP とかの略記号は便利にゃ！」

💬「あれ？ウチまでなんか略されてる…」

第 16 回 ●クエン酸回路ってにゃんだ？　133

🐱「せんせー、CoA の表記はよく見たら、CoASH というのがあるにゃ。にゃんでそんなに SH を強調するにゃ？」

👨「その部分はチオール基（-SH）といって、いろいろなものに合体するんだよ！」

🐱「合体用の基は第3回で、-OH、-COOH、-NH$_2$ と習ったにゃ！」

👨「そうだった、そうだった。これは -OH と似ているんだよ。O と S は周期表の 16 族で似た元素だから、-OH が合体するなら -SH も合体するわけだよ！」

🐱「そうにゃんだ！ じゃあ、CoA もいろいろなものと合体するにゃ！」

👨「そうなんだよ。ピルビン酸からアセチル CoA の反応を書いてみると、よりわかりやすいよ」

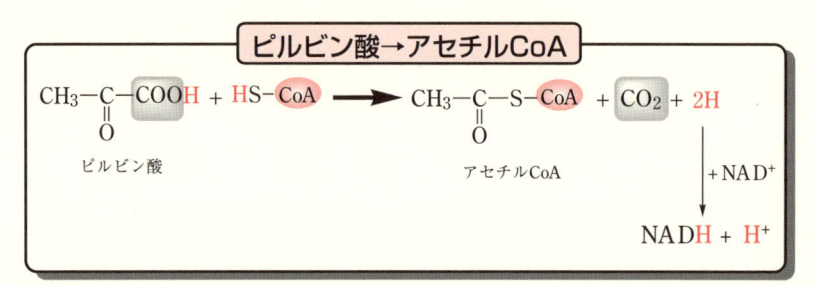

ピルビン酸→アセチルCoA

$$CH_3-\underset{\underset{O}{\|}}{C}-COO\underline{H} + \underline{HS}-CoA \longrightarrow CH_3-\underset{\underset{O}{\|}}{C}-S-CoA + CO_2 + 2H$$

$$+ NAD^+$$
$$NADH + H^+$$

ピルビン酸　　　　　　　　　　アセチルCoA

🐱「本当だ、合体したにゃん」

👨「アセチル CoA の名前だって簡単だよ」

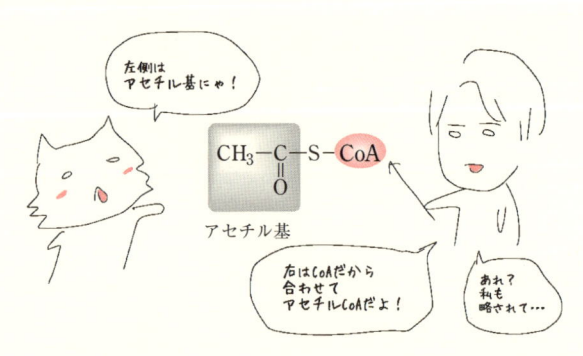

「左側はアセチル基にゃ！」

$$CH_3-\underset{\underset{O}{\|}}{C}-S-CoA$$

アセチル基

「右は CoA だから 合わせて アセチル CoA だよ！」

「あれ？ 私も略されて…」

「本当だにゃん！」

「勉強する時は、クエン酸回路の大きなフロー（131 ページ）をよく見ながらやるんだよ！」

「わかる反応が出てくると、ホッとするにゃ」

「そうだろう。次にアセチル CoA がいよいよクエン酸回路に入る。この反応は酵素が活躍するんだが、基本的にはアルドール縮合という反応なんだよ。君は誰か化学科の友達がいないのかい？ 聞いたら教えてくれるはずだ」

「友達にグリニャールって名前の女の子がいるにゃん！」

「なんだって？ その友達は大丈夫なのか？」

「何も問題ないにゃ、優秀だにゃ。せんせー知っているにゃ？」

「いやいやそんな人、いやネコ知らん！」

「それよりシャペロン君、次の式も見てごらん！ アセチル CoA からクエン酸の反応だよ」

「見るにゃー！」

第 16 回　クエン酸回路ってにゃんだ？

アセチルCoA→クエン酸

$CH_3-C(=O)-S-CoA$ + $O=C(-COOH)-CH_2-COOH$ →(アルドール縮合) $CH_2(-S-CoA)(-OH消去)-C(OH)(-COOH)-CH_2-COOH$

アセチルCoA　　オキサロ酢酸

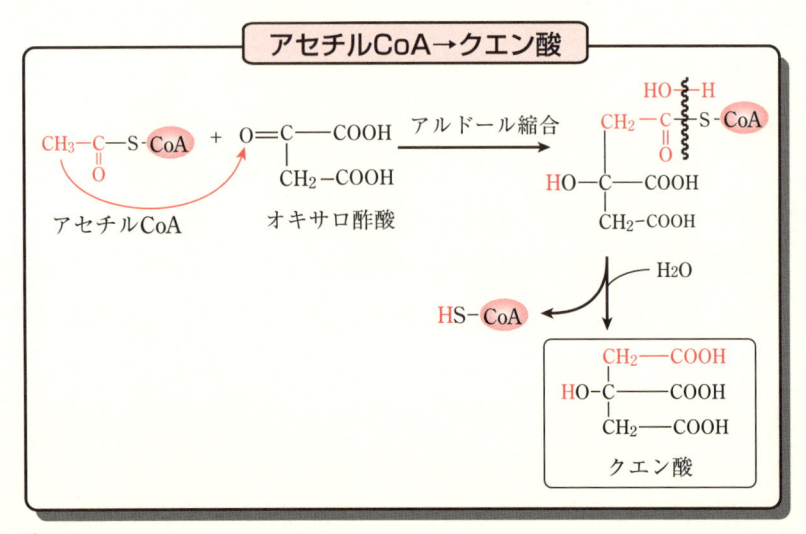

→(+H_2O, −HS-CoA) クエン酸 $CH_2-COOH / HO-C-COOH / CH_2-COOH$

🐱「細かい反応がわからなくても、赤い所を追えば、クエン酸がどうやってできたかわかったにゃ！」

👦「そうそう、その調子。それなら、グリニャールとかいう友達の助けもいらんな！　それより、クエン酸はカルボキシ基（-COOH）が3つもあるだろ」

🐱「そうだにゃ」

👦「だからクエン酸は -COOH が3つ（Tri）ある、**トリカルボン酸**（**Tri**carboxylic acid）の一種なんだ。アセチルCoAが回路に入って**初めて生成する化合物がクエン酸**だから、この物質が一番重要と考えてよいだろう。よって、この回路をクエン酸回路とかトリカルボン酸回路（**T**ri**c**arboxylic **a**cid cycle）（**TCA**回路）といったりするんだよ」

🐱「おもしろいにゃ。一番重要な物質を覚えたにゃ！」

👦「クエン酸はレモンやみかん、グレープフルーツなどの柑橘類に入っているよ！」

🐱「じゃあクエン酸はすっぱいにゃ？」

「そのとおりだ。君はクエン酸の味までわかったな。まあ、酸はみなすっぱいがな」

「とにかく、わかったにゃ」

「こうやってひとつひとつ丁寧に学べば、生化学はおもしろいんだよ！クエン酸回路のフローを見ながら頑張りなさい」

「頑張る気になったにゃ！　ありがとうにゃ！」

「いやいや、1937年にクエン酸回路を発見したドイツ人のノーベル賞学者ハンス・アドルフ・クレブス（Hans Adolf Krebs）に感謝だ！」

「クレブスちゃんサンキュー！」

レベルアップ問題

次の問題に答えて！

1. ピルビン酸の化学式を書きなさい。（CH_3COOH のような形で）
2. ミトコンドリア（Mitochondria）の Matrix とはどの部分か？
   ① 内膜と外膜の間　　② 外膜　　③ 内膜
   ④ 内膜の内側
3. チオール基の構造を書きなさい。
4. ピルビン酸からスタートして、クエン酸回路が一回転するとき、CoA は何回出てくる？

5. ピルビン酸1分子が、クエン酸回路に入ると、NADH + H⁺ のセットがいくつ生成されるか？
6. ピルビン酸1分子がクエン酸回路に入ると、FADH₂ がいくつ生成されるか？
7. アセチル CoA を化学式で書きなさい。ただし、CoA の記号は使ってよい。
8. クエン酸回路で、アセチル CoA がオキサロ酢酸と反応してできる物質の名称は何か？
9. クエン酸の炭素数はいくつか？
10. オキサロ酢酸の炭素数はいくつか？
11. クエン酸の中に -COOH（カルボキシ基）は何個あるか？

答え

1. $CH_3-\underset{\underset{O}{\|}}{C}-COOH$ 2. ④   3. -S-H   4. 2回   5. 4つ   6. 1つ

7. $CH_3-\underset{\underset{O}{\|}}{C}-S-CoA$ 8. クエン酸   9. 6個   10. 4個   11. 3個

IX 炭水化物の代謝（電子伝達系）

第17回 電子伝達系とCoQ10は美容に良いにゃ？

「せんせー、ウチ、かなりグルコースの代謝がわかってきたにゃ！」

「そうだろう。解糖系→クエン酸回路ときたら、次はいよいよ最終段階の電子伝達系だ！」

「やったにゃ、イエーイ！」

「さあ、じゃあ今日も頑張って行こう！ ミトコンドリアが食べたピルビン酸はミトコンドリアの体内に入って、クエン酸回路に入るが、それはミトコンドリアの胃みたいなもんだ」

「そうだにゃ、ミトコン嬢の胃はクエン酸回路にゃ」

「そしていよいよ、ミトコンドリアの腸に移って消化の最終段階がこの電子伝達系なんだよ！」

「電子を伝達するとにゃんかいいことあるにゃ？」

「電子が移動するとエネルギーが得られるんだよ！ たとえば、電気を使って蛍光灯を光らせたり、パンを焼いたりしているよね」

「電気はすごいにゃん。ドライヤーや美顔器も電気で動くにゃん」

「そうなんだよ。その電気というのは、電子が流れているんだよ！ 直流電源はプラスからマイナスに流れているというけど、電子がどっちに向かって流れるかわかるかい？」

「そんなの簡単にゃ、プラスからマイナスに決まっているにゃん！」

「ブブー、はずれ。電流はプラスからマイナスに流れるというけど、電

子はマイナスからプラスに流れているんだよ」

🐱「にゃんか混乱するにゃ」

👤「いやいや大丈夫だよ。電子はマイナスに帯電しているからe^-と表記するよね」

🐱「そうだにゃ、電子はマイナスにゃ！」

👤「マイナスはプラス(+)を求めて移動するんだよ！　これを見てごらん」

　　　〈電位が−〉　　→　e^-　　〈電位が+〉

🐱「にゃるほどー、これは確かにわかりやすいにゃん！」

👤「そうなんだよ。電流が流れると、ドライヤーが動いたり、炊飯器が作動したりするよな。だから、電子が動けば、エネルギーが発生するんだよ！」

🐱「確かにそうだにゃ。でも、プラスとマイナスの部分をつくらなければならないにゃ」

👤「いやいや、物質には特有の電位があるんだよ！　つまり、プラスだったりマイナスだったりする数値があるんだ！　それを、**標準還元電位**とか**標準電極電位**というんだ！」

🐱「にゃんか難しい臭いがするにゃ」

👤「そんな事はないよ。この数値はいわば、**電子を欲しがる度合い**だと思えばいいよ。この値の大きいほうに電子は行くんだよ」

　　　　標準還元電位（標準電極電位）　＝　電子欲しがり度合い

🐱「具体的に教えてにゃ！」

👦「たとえば、Fe^{2+} と Ag^+ を比べてみるとこんな数値なんだよ！」

標準還元電位

$E^0_{Fe^{2+}}$ = −0.44 V　　　$Fe^{2+} + 2e^- \longrightarrow Fe$

$E^0_{Ag^+}$ = +0.80 V　　　$Ag^+ + e^- \longrightarrow Ag$

🐱「数値が大きい Ag^+ のほうが Fe^{2+} より電子（e^-）が好きにゃんだ」

👦「そうそう、そうなんだよ。反応式を見ると、Ag^+ と Fe^{2+} が e^- を受け取っているでしょ。**e^- を受け取ることは化学では"還元"**というから、この数値は還元反応の起こる電位＝標準還元電位なんだ！」

🐱「にゃるほど、それはわかりやすいにゃん。じゃあ、Ag^+ と Fe^{2+} が入っている溶液に e^- を与えたら、Ag^+ が先に e^- を受け取るにゃ？」

👦「そのとお〜り、素晴らしい！　だから、2つのイオンが入った溶液を電気分解すると、陰極つまり e^- が出てくる電極では、$Ag^+ + e^- \to Ag$ の反応が優先的に起こって、銀は析出するけど、Fe^{2+} は反応しないよ」

🐱「にゃるほどにゃん！　標準還元電位はおもしろいにゃん！」

👦「そうだろう。この標準還元電位が電子伝達系には大いに関係があるんだよ」

🐱「電位がどうしたにゃ？」

👦「初めから順を追って考えよう。ミトコンドリアが食べたピルビン酸は、ミトコンドリアの体内でクエン酸回路によって、水素を引き抜かれたよね」

🐱「そうだったにゃん！」

👦「その水素には $H \to H^+ + e^-$ の式でもわかるように、e^- が含まれていたよね！」

🐱「それもやったにゃん」

「よしよし、つまりクエン酸回路で大量に発生した水素、つまりe^-はミトコンドリアの内膜に運ばれて、伝達されるんだよ！」

「伝達？」

「e^-を受け取る物質が並んでいて、そこを伝達されるんだよ！」

「伝達して誰に渡すにゃ？」

「酸素O_2だよ」

「そこで酸素が出てくるにゃ！」

「そうだよ。君は酸素呼吸の勉強をしているんだよ！」

「そういえば、そうだったにゃん！」

「その伝達する部分はミトコンドリアの内膜に埋められているんだよ」

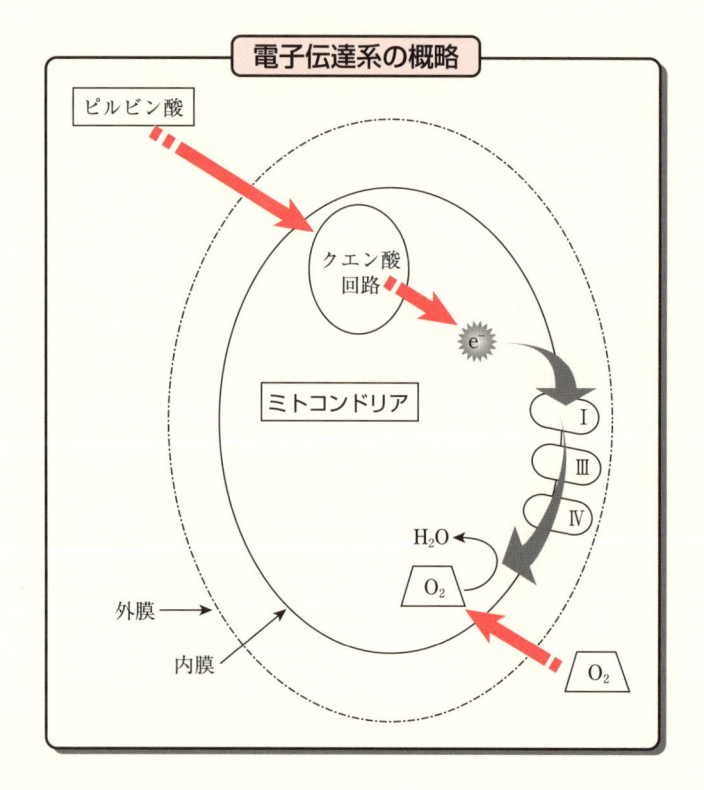

電子伝達系の概略

ピルビン酸 / クエン酸回路 / ミトコンドリア / 外膜 / 内膜 / e^- / Ⅰ / Ⅲ / Ⅳ / H_2O / O_2 / O_2

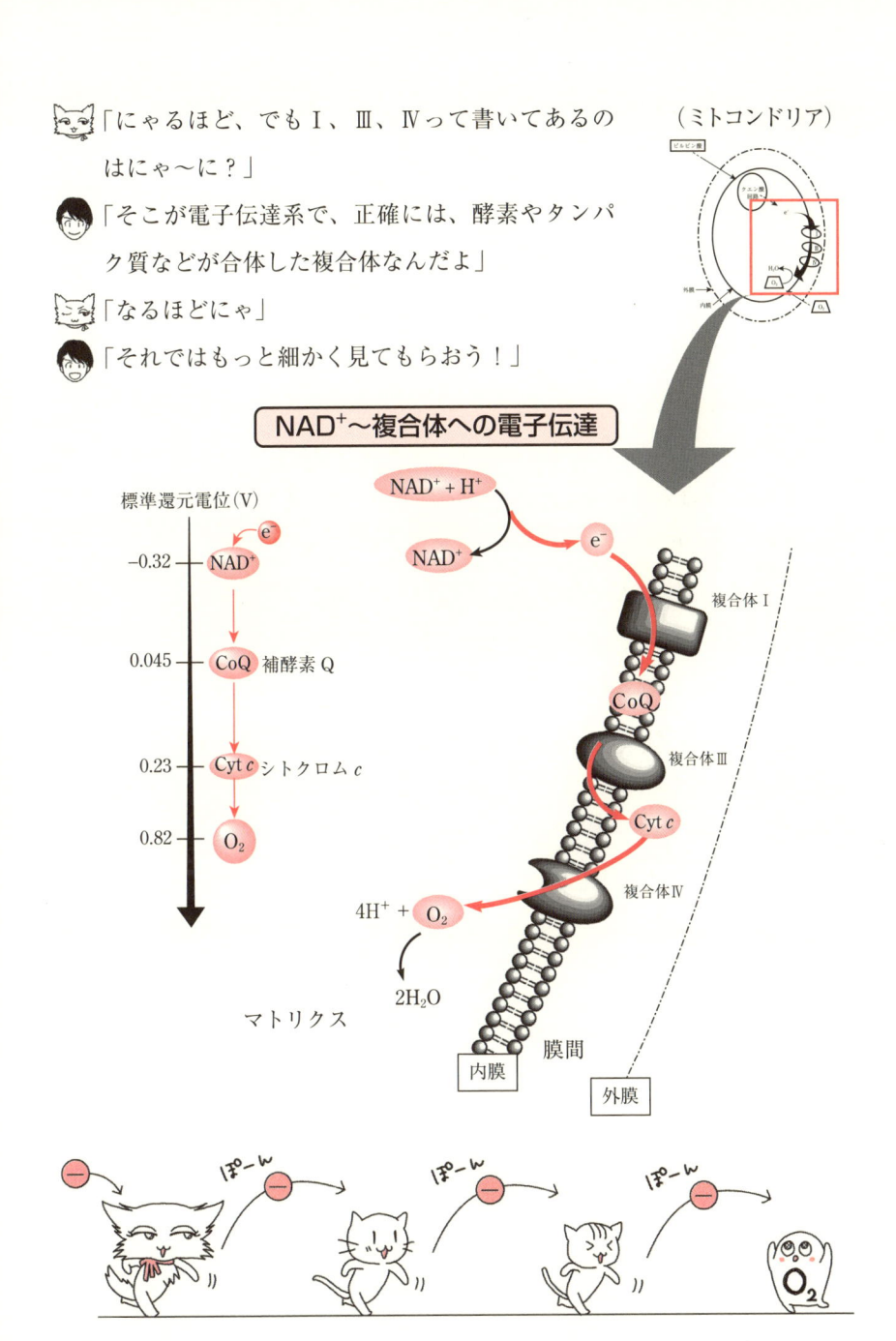

🐱「にゃるほど、でもⅠ、Ⅲ、Ⅳって書いてあるのはにゃ〜に？」

👦「そこが電子伝達系で、正確には、酵素やタンパク質などが合体した複合体なんだよ」

🐱「なるほどにゃ」

👦「それではもっと細かく見てもらおう！」

（ミトコンドリア）

NAD^+〜複合体への電子伝達

標準還元電位(V)

- -0.32 — NAD^+ e^-
- 0.045 — CoQ 補酵素Q
- 0.23 — Cyt c シトクロム c
- 0.82 — O_2

$NAD^+ + H^+$ → NAD^+ + e^-

複合体Ⅰ

CoQ

複合体Ⅲ

Cyt c

$4H^+ + O_2$ → $2H_2O$

複合体Ⅳ

マトリクス

内膜　膜間　外膜

第17回●電子伝達系とCoQ10は美容に良いにゃ？

「左側に標準還元電位を書いておいたけど、小さいほうから大きなほうの物質に電子が流れているんだ！ この配置なら電子の流れが直感的にわかるだろう」

「すごいにゃ、こんなの見たことないにゃん！」

「よしよし。ところで電子の流れは電流みたいだと思わないか？」

「そうだにゃ。それがどうかしたにゃ？」

「どうかしたではない！ 電子が流れているだけでは何にもならんだろ。たとえば、銅線中に電子が流れていても見た目には何も変化がない。複合体は CoQ が電子を Cyt c に渡しながら、その電子の流れをほかのエネルギーに変換する、ドライヤーやエアコンみたいなやつなんだ！」

「じゃあ、複合体はどんな仕事をしているにゃ？」

「還元電位の小さな物質から大きな物質に電子が動くと、エネルギーが発生するんだが、そのエネルギーで、**H^+（プロトン）を移動させているのが、複合体や CoQ 達の役割なんだ！**」

「そうだったにゃ！」

「次ページの図を見ればわかるよ」

膜の間に移動だー!!

オーッ！

電子伝達によるプロトン移動

（ミトコンドリア）

NAD⁺ → e⁻
H⁺ ……→ 複合体Ⅰ → H⁺
CoQ
H⁺ ……→ 複合体Ⅲ → H⁺
Cyt c
H⁺ ……→ 複合体Ⅳ → H⁺
4H⁺ + O₂ → 2H₂O

マトリクス
内膜
膜間
外膜

「複合体やCoQはH⁺を吹き付けるドライヤーにゃ！」

「水素イオン（プロトン）はどんどんミトコンドリアの内膜と外膜の間にたまっていくよ！！」

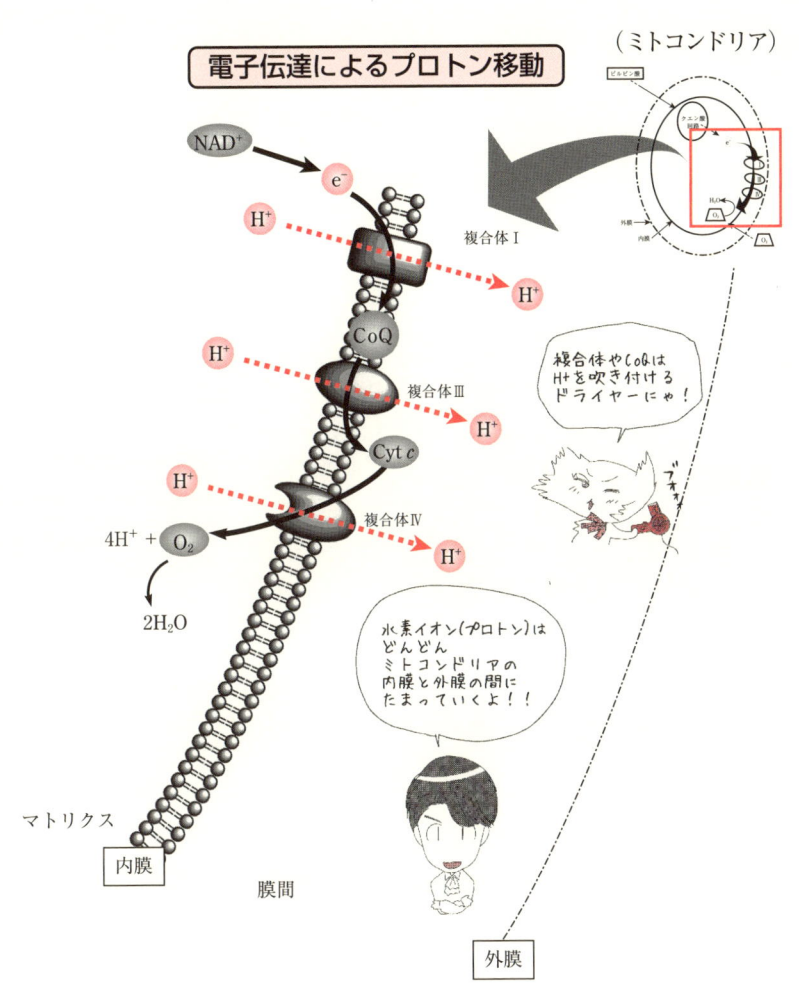

🐱「にゃるほど、これがミトコン嬢の大切な仕事だったにゃ！」

👨「いや、ミトコン嬢の一番大切な仕事はこの次だよ。ミトコン嬢は皮膚が2重構造で外膜と内膜があるけど、その膜の間にH⁺がどんどん増えて行ってしまうだろ」

🐱「そうだにゃ。ミトコン嬢がH⁺で太ってしまう〜！」

第17回●電子伝達系とCoQ10は美容に良いにゃ？　145

「まあ実際には H^+ は小さいから太りはしないが、永遠に増え続けるわけにはいかないから、その H^+ を再び体内に戻す必要があるんだ」

「H^+ がミトコン嬢の内側に戻るにゃ？」

「もちろんだ。その時に今度は、e^- ではなくて、H^+ が動いて、放電する感じなんだよ。ここでもエネルギーが発生するから、そのエネルギーでATPをつくっているんだよ！」

「じゃあ、ミトコン嬢はまたスリムになるにゃ」

「まあ、そういう感じだ。水素イオンが戻る時の細かい図を見てもらおう。外膜と内膜の間に H^+ がたまって、再突入する時、ATPができるんだ」

電子伝達によるプロトン移動

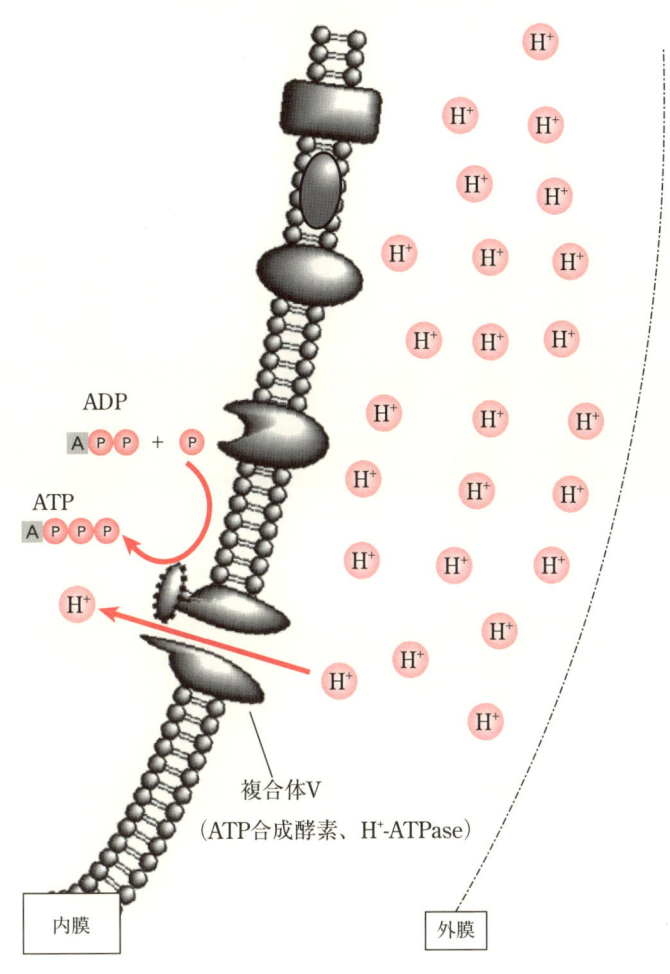

ADP

ATP

H⁺

複合体V
（ATP合成酵素、H⁺-ATPase）

内膜

外膜

物質の代謝

「やっと、ATPができたにゃん！」

「そうだな。ミトコンドリアをもっと格好よく描いて、最後のH⁺の移動を表したらこんな感じだ」

第17回●電子伝達系とCoQ10は美容に良いにゃ？　　**147**

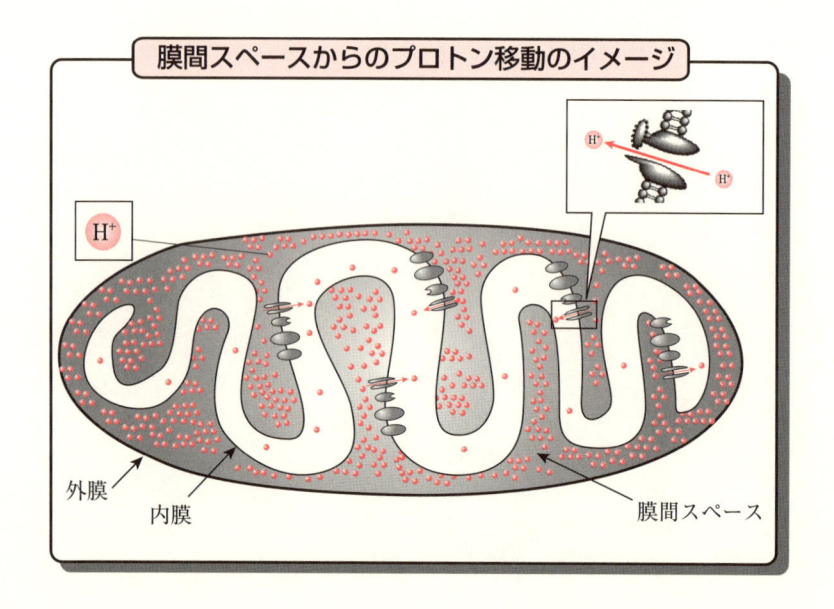

膜間スペースからのプロトン移動のイメージ

H⁺

外膜
内膜
膜間スペース

🐱「にゃるほど、おもしろいにゃん！ ミトコン嬢に例えたら、最後はどうなるにゃ？」

👨「最後はミトコン嬢が H^+ で太ってきたら、またスリムになるんだが、その時に ATP を体中から大量に出すんだ！」

148　IX　炭水化物の代謝（電子伝達系）

「かなりイメージできたわ〜！　ありがとにゃ」

「そうだろう、そうだろう。電子伝達系のわかりやすい図の開発だけで、何ヶ月もかけているんだ！　理解してくれて本当によかった！」

「せんせー、ウチ1つだけ気になることがあるにゃ」

「なんでも聞きなさい、補足してあげるよ」

「複合体ⅠとⅢの間にCoQというのがあったけど、あれはにゃ〜に？」

「あれは、ユビキノン（ubiquinone）というんだよ。Qで表すこともあるよ」

「ほかによび方はないにゃ？」

「ないこともないが……まあ、いいじゃないか！」

「せんせー、なにか隠しているにゃ！」

「そんなことはない、少しマニアックなことをいえば、高等動物では、ユビキノン分子中のイソプレン側鎖の繰り返し単位が10個だから、CoQ_{10}と書くことがあるんだ！　じゃあ、さらば！！」

CoQ10、またの名をコエンザイムQ10…

活性酸素をとる抗酸化作用が美容に良いと注目を浴びていたと思ったら、ミトコンドリアの内膜にある酵素複合体だったとは！

これは何かミトコンドリアがやる代謝と美容が切っても切れない関係にある可能性が出てきたにゃ！

興奮してきたにゃー！！

スタスタ

くるっ

逃ダッ

「やっぱり、あれはコーキューテンにゃー！　美容のサプリにゃーー！！　せんせー！　待ったあぁぁぁぁぁぁぁぁ！！」

物質の代謝

第17回 ●電子伝達系とCoQ10は美容に良いにゃ？

「どうしたんだ？」

「にゃんで、CoQ10 が美容や若返りに良いのかにゃ？」

「それは、ミトコンドリアがしっかり働いてくれれば、からだの代謝量が正常化して、肌などの新陳代謝も上がり、若返るということではないか」

「ミトコン嬢は美肌の味方にゃ、すばらしすぎる！　ウチ、これからミトコン嬢を大切にするにゃ！」

「君は以前、ミトコン嬢を苦しめたいといっていた気がするが？」

「にゃんてこというの、せんせー！　ミトコン嬢はお肌の代謝を上げるすばらしいお嬢様にゃ。ミトコン嬢よ、電子伝達系よありがとうにゃ！ ウチ、もっとミトコン嬢欲しいわ。Web で生きたミトコン嬢をクール宅急便で買えないか検索しなきゃ！」

「なんだかわからんが、ミトコンドリアが好きになってよかった、よかった」

レベルアップ問題

次の問題に答えて！

1. $NADH^+ + H^+$ が運んだ、電子は、どの順番で伝達されるか？
   ① 複合体Ⅰ － CoQ －複合体Ⅱ －複合体Ⅲ
   ② 複合体Ⅰ － CoQ －複合体Ⅲ －複合体Ⅳ
   ③ 複合体Ⅰ －複合体Ⅱ － CoQ －複合体Ⅲ
   ④ 複合体Ⅰ －複合体Ⅲ － CoQ －複合体Ⅳ

2. 複合体Ⅳに電子が伝達される時、移動するイオンの動きとして正しいものを選びなさい。
   ① 水素イオン（プロトン）が膜間から内部へ移動
   ② 水素イオン（プロトン）が内部から膜間へ移動
   ③ 水酸化物イオンが膜間から内部へ移動
   ④ 水酸化物イオンが内部から膜間へ移動

3. ATPを合成する酵素を含むのは複合体Ⅰ～複合体Ⅴのどれか？

答え　1. ②　　2. ②　　3. 複合体Ⅴ

第18回 リンゴ酸 - アスパラギン酸シャトルってにゃ〜に?

- 「せんせー、リンゴちゃん 🍎 - アスパラちゃん 🥒 シャトルってかわいいにゃん! かわいいから覚えようと思うにゃ!」
- 「理由は何でもやる気になったならよい、まあ、頑張りたまえ。では、ランチなので失礼するよ」
- 「冷たいにゃ、少しくらい教えてにゃ! りんごちゃんは何に使うにゃ?」
- 「しょうがないな。ズバリ、**リンゴ酸 - アスパラギン酸シャトルはミトコンドリア内に NADH + H$^+$ を入れるためにあるんだよ**」
- 「不思議だにゃ! 別にそのまま入れればいいんじゃないの?」
- 「ミトコン嬢は、昔、別の生物だったんだ。今はわれわれの細胞の中で働いてくれているが、どんな物質でも自分の体内に出し入れしているわけではないんだ。むしろ、ミトコン嬢が体内に出し入れするものは、選り好みが激しいんだよ!」
- 「ウチ、それわかるにゃ。かなり親しい友達でも貸してくれないものもあるにゃ!」
- 「そうそう、そんな感じだ。なにせ NAD$^+$ 中に入っているビタミン B$_3$ は貴重だからな。だから、NADH + H$^+$ を運ばず、ミトコン嬢の中に入れるリンゴ酸 🍎 に水素だけ運ばせているんだよ」

IX 炭水化物の代謝(電子伝達系)

「リンゴちゃん🍎はミトコンドリアの体内を行ったり来たりできるにゃ！ すごいにゃ！」

「オキサロ酢酸と **NADH + H$^+$** からリンゴ酸🍎になるんだよ！」

（細胞質で起きる反応）

NAD**H** + **H**$^+$ + 🍙（オキサロ酢酸） → NAD$^+$ + 🍎（リンゴ酸）

（ミトコンドリア内へ）

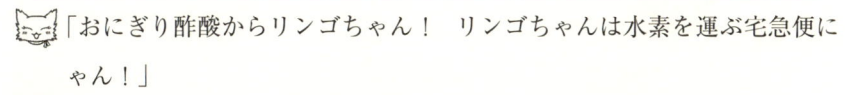

「おにぎり酢酸からリンゴちゃん！ リンゴちゃんは水素を運ぶ宅急便にゃん！」

「そうなんだよ、リンゴ酸はミトコンドリアを行き来できるんだよ。ミトコンドリア内ではこの逆の反応をやって、水素をNAD$^+$に渡すんだよ。次のページに全体の流れを書いたから見てごらん！」

「これは超～わかりやすいにゃん！ それにかわいいにゃん！」

「そうだろう、そうだろう。これは君用につくった、リンゴ酸シャトル・スペシャルアホバージョンだ！ 見事、**NADH + H$^+$** を直接ではなく、間接的にミトコンドリアの中に入れているだろう！」

「本当にゃ！」

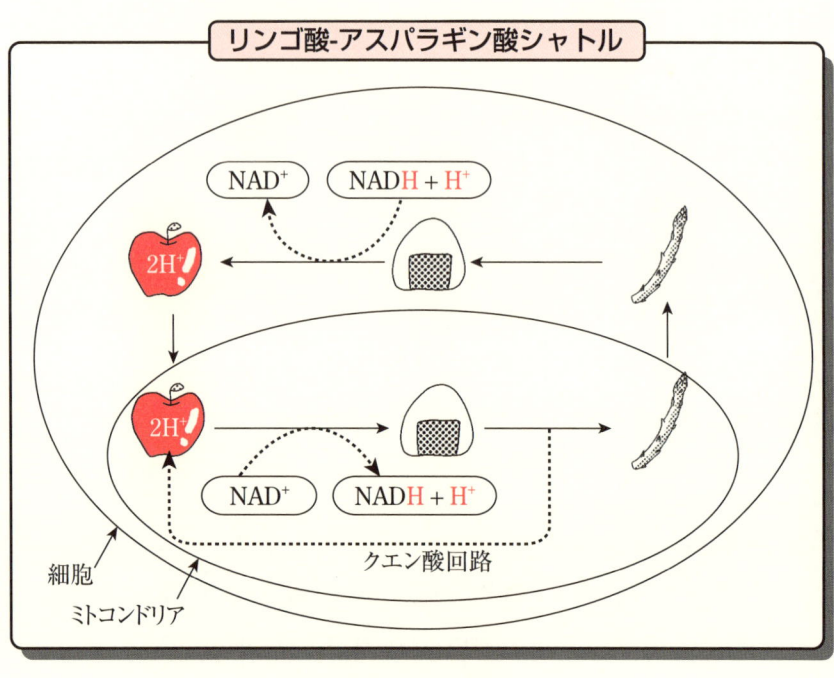

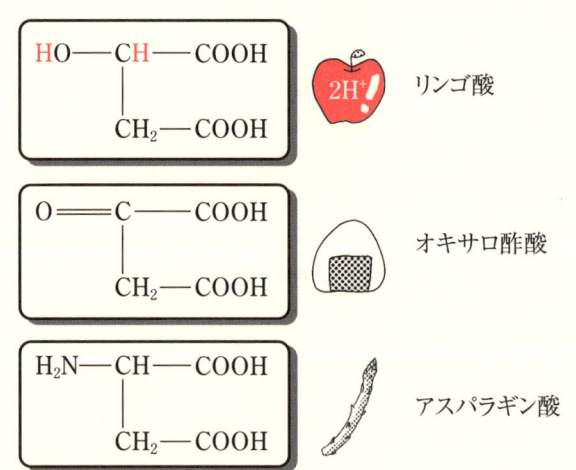

リンゴ酸-アスパラギン酸シャトル

細胞
ミトコンドリア
クエン酸回路

構造式	記号	名称
HO—CH—COOH 　　│ 　　CH$_2$—COOH	🍎 2H$^+$	リンゴ酸
O=C—COOH 　　│ 　　CH$_2$—COOH		オキサロ酢酸
H$_2$N—CH—COOH 　　│ 　　CH$_2$—COOH		アスパラギン酸

第 18 回 ●リンゴ酸 - アスパラギン酸シャトルってにゃ～に？

「ところで、なんのために **NADH + H⁺** をミトコン嬢に入れているかわかるか？」

「リンゴちゃんに気を取られていて、すっかり忘れたにゃん！」

「前回やったばかりじゃないか。ミトコン嬢の内膜にある電子伝達系に渡すんだよ！」

「**ATP 合成**だ！」

「そうそう。<u>**NADH + H⁺** が **ATP 合成**の原料</u>だからな！　そもそも、解糖系でグルコース1分子から流れると、2ATP ができるって以前教えたけど、解糖系のフローをよく見ると、**NADH + H⁺** も2つできているんだよ。113 ページに戻って見てごらん」

「えーっと、えーっと、本当だ！　左下に **2NADH + 2H⁺** が書いてあるにゃん。じゃあ、これも ATP になるってこと？」

「そのとお～り！　でも NADH + H⁺ を ATP に変える工場はミトコンドリアの中（内膜にある電子伝達系）だから、リンゴ酸シャトルで運ぶんだよ」

「じゃあ、ミトコン嬢はピルビン酸も食べるし、リンゴちゃんも食べるにゃ！」

「そのとお～り！！　リンゴ酸を食べて、アスパラギン酸をはき出して **H** をミトコンドリアに運ぶことで、**ATP** を生産しているんだ！」

🐱「ミトコン嬢のやっていることがかなりわかってきたにゃ」

🧑「そうだろう、そうだろう。では、もう1つわかってもらおう。じつは、NADH + H⁺ を運ぶ方法がもう1つあるんだよ」

🐱「リンゴちゃん以外にまだあるにゃ？」

🧑「そうなんだ。グリセロールリン酸シャトルというのがあるんだ。これは、サイトゾル（細胞質基質）にあって、ミトコンドリアの内膜に直接電子を運ぶんだ」

🐱「くりセロリおりんちゃんシャトルが直接？」

🧑「だから、そのグリセロールリン酸が電子（水素）を運んで、FAD に渡すんだよ。これがそのフローだよ！」

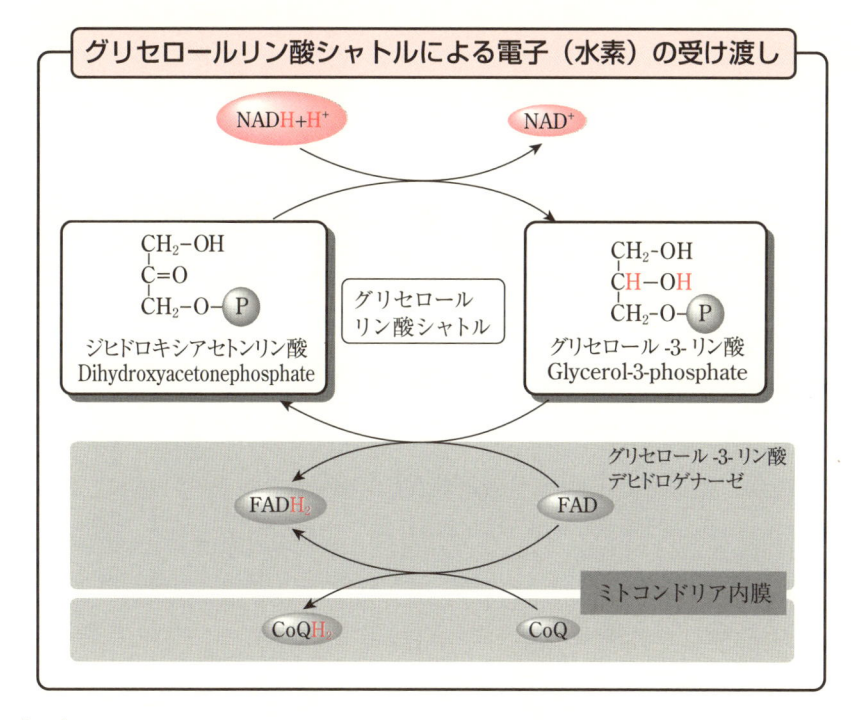

グリセロールリン酸シャトルによる電子（水素）の受け渡し

NADH+H⁺ → NAD⁺

ジヒドロキシアセトンリン酸
Dihydroxyacetonephosphate
CH_2-OH
$C=O$
CH_2-O-P

グリセロール
リン酸シャトル

グリセロール-3-リン酸
Glycerol-3-phosphate
CH_2-OH
$CH-OH$
CH_2-O-P

グリセロール-3-リン酸デヒドロゲナーゼ

FADH₂ ← FAD

ミトコンドリア内膜

CoQH₂ ← CoQ

🐱「水素がどんどん移動しているにゃ！　一番下はコーキューテンにゃ！」

🧑「そうだよ。**NADH + H$^+$** で行う電子伝達系は前回やったけど、今回は **FADH$_2$** で行う電子伝達系だよ」

🐱「コーキューテンといえば、ミトコン嬢の内膜だったにゃん！」

🧑「そうなんだよ。だから、これでも ATP 合成ができるんだよ！ この場合は、ミトコン嬢がジヒドロキシアセトンリン酸を食べているというよりは、内膜にすりつけて反応させているんだよ」

🐱「わかってきたにゃ！ 電子伝達系でATP合成するのはおもしろいにゃ！」

🧑「そうだろう、そうだろう。では、ちなみに **FADH$_2$** で行う電子伝達系は、ミトコンドリア内部にもあって、131 ページのクエン酸回路でコハク酸からフマル酸への反応でこれと同じことが起こるから見てみなさい！」

🐱「本当だにゃん。左下に **FADH$_2$** があったにゃん！」

🧑「ここでも同様に電子伝達されるよ。まとめて見せるとこんな感じだよ！」

FAD〜複合体への電子伝達

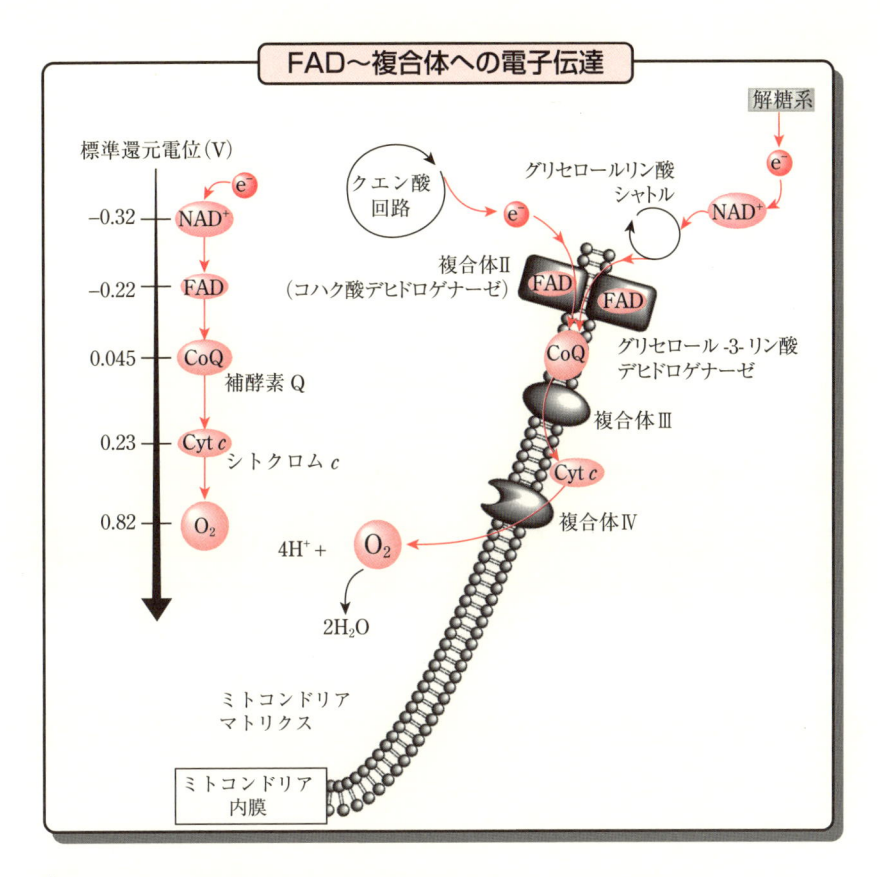

標準還元位(V)
- −0.32 — NAD⁺
- −0.22 — FAD
- 0.045 — CoQ 補酵素 Q
- 0.23 — Cyt c シトクロム c
- 0.82 — O₂

クエン酸回路
グリセロールリン酸シャトル
解糖系
複合体Ⅱ（コハク酸デヒドロゲナーゼ）
グリセロール-3-リン酸デヒドロゲナーゼ
複合体Ⅲ
複合体Ⅳ
$4H^+ + O_2 \rightarrow 2H_2O$
ミトコンドリアマトリクス
ミトコンドリア内膜

🐱「これは **NADH + H⁺** の電子伝達系とそっくりにゃん！」

👦「そうなんだよ。この後は前の回でやったように ATP が合成されるんだよ！」

🐱「どんどんわかってきて楽しいにゃん！」

👦「そうなんだよ、生化学はおもしろいぞ！ 盛り上がって来たところで、グルコース 1 つが酸素呼吸した時にどのくらいの ATP が合成されるのか見てみなさい。まずはリンゴ酸シャトルバージョンだ！」

🐱「イェーイ、リンゴちゃんだ〜！」

第18回 ● リンゴ酸 - アスパラギン酸シャトルってにゃ〜に？

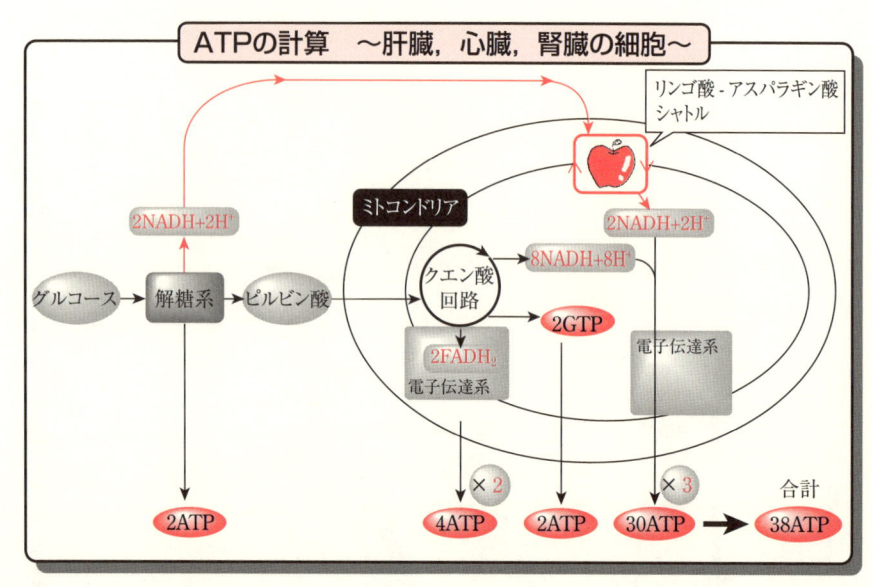

ATPの計算 ～肝臓，心臓，腎臓の細胞～

```
グルコース → 解糖系 → ピルビン酸 → [ミトコンドリア]
                ↓                    クエン酸回路
             2NADH+2H⁺              ├─ 8NADH+8H⁺
                ↓                    ├─ 2GTP
          リンゴ酸-アスパラギン酸シャトル  └─ 2FADH₂
                ↓                      ↓
             2NADH+2H⁺              電子伝達系
                
             2ATP    4ATP(×2)   2ATP   30ATP(×3)   合計 38ATP
```

🧑「肝臓、心臓、腎臓などの細胞はリンゴ酸シャトルが普通なんだ。それから、このフローに書いてあるように **NADH + H⁺** のセットからは3倍、**FADH₂** からは2倍の量のATPが生成するんだが、現在はこれほど効率よくないという報告が多々されているんだよ。だから、この倍率（3倍と2倍）は最大値って所かな」

🐱「**NADH + H⁺** のほうが効率よいにゃ！　倍率は気をつけてみるにゃ！」

🧑「よしよし、いい心がけだ。このバージョンでは、解糖系からの **NADH + H⁺** がリンゴ酸シャトルでミトコンドリアに入っているけど、もう1つのグリセロールリン酸シャトルを使ったバージョンも見てみよう！」

🐱「イェーイ、グリグリおりんちゃんだ～！」

🧑「このバージョンでは、**NADH + H⁺** が **FADH₂** になってしまうから、リンゴ酸シャトルより少なくなっているのが特徴だよ！」

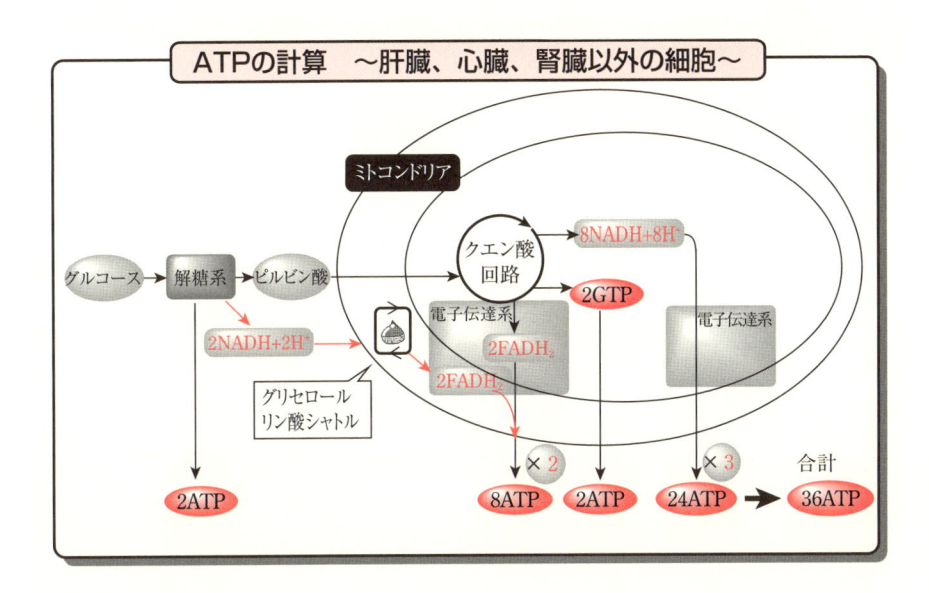

ATPの計算　～肝臓、心臓、腎臓以外の細胞～

グルコース → 解糖系 → ピルビン酸

解糖系 → 2NADH+2H⁺ → グリセロールリン酸シャトル

ミトコンドリア
クエン酸回路 → 8NADH+8H⁺
クエン酸回路 → 2GTP
電子伝達系 ← 2FADH₂
2FADH₂
電子伝達系

2ATP　8ATP（×2）　2ATP　24ATP（×3）→ 合計 36ATP

🐱「おもしろいにゃ。シャトルがわかったら、全体が見えてきたにゃん！」

👨「そうだろう。**解糖系、クエン酸回路、電子伝達系**の生化学の主軸といってもよい**呼吸3部作が完成**だな！」

🐱「やったー！　ウチ、理解した自分に感動したにゃ～！　サンキューせんせー！」

👨「まあよいよい、リンゴでも食べて、ミトコンドリアを元気にしてあげなさい」

🐱「わかったにゃ。リンゴ、アスパラ、おにぎり食べるにゃ！」

第18回●リンゴ酸-アスパラギン酸シャトルってにゃ～に？

レベルアップ問題

次の問題に答えて！

1. リンゴ酸-アスパラギン酸シャトルは、ミトコンドリア内部に何を間接的に運ぶか？
   ① NADH + H$^+$　　② FADH$_2$　　③ オキサロ酢酸
   ④ アスパラギン酸

2. リンゴ酸は NAD$^+$ と反応すると何に変化するか？
   ① オキサロ酢酸　　② アスパラギン酸
   ③ グリセロール-3-リン酸

3. リンゴ酸-アスパラギン酸シャトルは逆回転もできるが、このとき、ミトコンドリア内の NADH + H$^+$ は増えるか減るか？

4. 複合体Ⅱ内にある電子伝導体の名前を答えなさい。

5. 複合体Ⅱはクエン酸回路のどの物質から水素（電子）を奪うか？

6. NADH + H$^+$ と FADH$_2$ はどちらがより多くの ATP を合成するか？

7. グリセロールリン酸シャトルで FAD に電子（水素）を渡す物質は何か？

答え
1. ①　2. ①　3. 減る　4. FAD　5. コハク酸　6. NADH + H$^+$
7. グリセロール-3-リン酸

X 脂質の代謝

第19回 悪玉コレステロールってにゃんだ？

🐱「せんせー、健康診断で血液検査したら、総コレステロール値が250で、高いから注意と書いてあったのよ！ コレステロールってからだに悪いにゃ？」

👨「ほう、気になるなら素晴らしい。そもそもコレステロールっていうのは、74ページでやっているから見てみなさい！」

🐱「本当だにゃん、やっているにゃん。でもコレステロールから胆汁酸ができたり、性ホルモンができたりしているし、からだに良いんじゃないにゃ？」

👨「もちろん、重要な物質だ。83ページでも、細胞膜にコレステロールが埋まっているんだが、これは膜の流動性を低く調整する大変重要な物質なんだ！」

🐱「じゃあ、やっぱり大丈夫にゃん」

👨「いやいや、値が大きければ動脈硬化になるぞ」

🐱「どうみゃくが詰まるの？ きゃー、ウチ死ぬ〜」

👨「まあ、君の値は死ぬほどでもないから、これから脂質の勉強を深めて食生活や運動をしてケアしなさい」

🐱「わかったにゃん、勉強するにゃん」

👨「じゃあ、君が脂質を食べたときに、どのような形で吸収されるか教えよう」

🐱「ありがとにゃん。ウチ、脂質といえば生クリーム好きにゃ！」

「生クリームを食べると、口→食道→胃→十二指腸と流れていくんだが、代表的な脂質であるトリアシルグリセロール（TAG）が入ると、膵リパーゼによって加水分解され、モノアシルグリセロールになるんだ」

「絵で教えてにゃ」

「そうだな、では腸の表面から吸収されるところを見てもらおう」

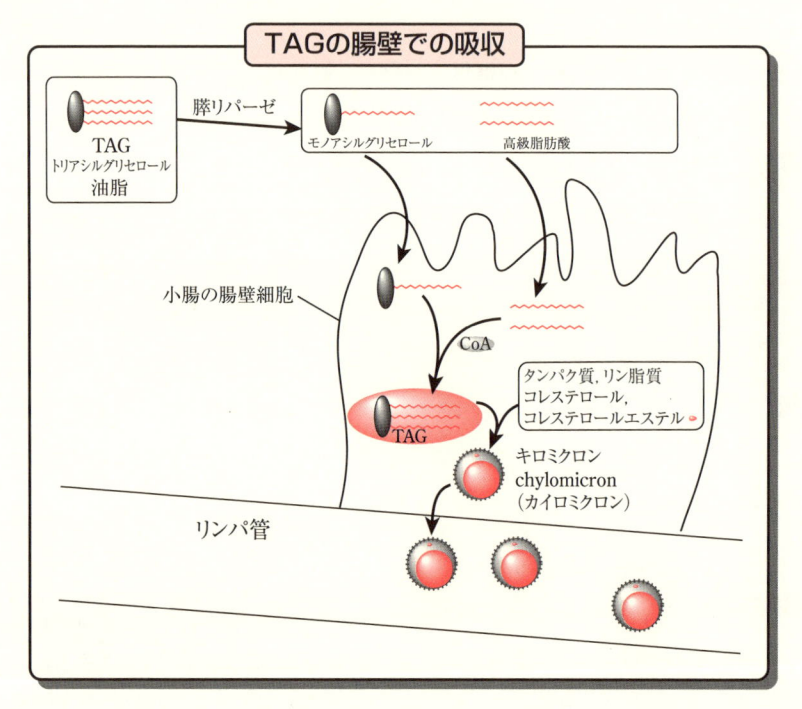

TAGの腸壁での吸収

（図：膵リパーゼによりTAG（トリアシルグリセロール，油脂）がモノアシルグリセロールと高級脂肪酸に分解され、小腸の腸壁細胞に吸収される。CoAを介してTAGに再合成され、タンパク質，リン脂質，コレステロール，コレステロールエステルとともにキロミクロン（chylomicron, カイロミクロン）となってリンパ管へ入る）

「TAGを分解して、小腸の腸壁細胞でまたTAGにしているにゃん！ 無駄じゃないにゃ？」

「とんでもない。TAGは脂肪だから分子が大きすぎてそのままでは吸収できないんだよ。だから小さいモノアシルグリセロールと高級脂肪酸にして腸壁細胞へ吸収するんだ！」

「なっとく、なっとく！ それからキロミクロンってにゃ～に？」

X 脂質の代謝

「それそれ、それが重要で、**キロミクロンはリポタンパク質という複合体の1種**なんだよ！ キロミクロンは90％が脂肪（TAG）だよ」

「リポタンパク質は何をするものにゃ？」

「**リポタンパク質（Lipoprotein）はコレステロールを運ぶ船みたいなもの**だよ。コレステロールは血管やリンパ管の中で、コレステロールのまま運ぶわけではないんだよ。船（リポタンパク質）に乗せて運んでいるんだ」

「そうにゃんだ〜、リポたんぱく船はおもしろいにゃん！」

「その船には大きく分けて5種類があるんだよ。次のページを見てごらん。TAG が一番多いのが キロミクロン だ。コレステロールが一番多いのが、LDL だよ」

「船の種類がいっぱいあるにゃん」

「そうなんだよ。密度は英語で Density でしょ、低密度は Low density だから、低密度リポタンパク質は Low density lipoprotein、略して LDL だよ！」

「にゃるほどにゃ、英語なら簡単にゃん。にゃんで LDL のところに 悪玉コレステロール って書いてあるにゃ？」

「血中 LDL の濃度が高いと、これが血管壁に付着して炎症が始まり、マ

第19回●悪玉コレステロールってにゃんだ？

	キロミクロン Chylomicron	VLDL Very low density lipoprotein 超低密度リポタンパク質	IDL Intermediate density lipoprotein 中間密度リポタンパク質	LDL Low density lipoprotein 低密度リポタンパク質 悪玉コレステロール	HDL High density lipoprotein 高密度リポタンパク質 善玉コレステロール
イメージ図	●	●	●	●	●
TAG（脂肪）	90%	50%	30%	10%	5%
コレステロールまたはそのエステル					
おもな働き	TAG 運び屋	脂質全般の運び屋（TAG，コレステロール，リン脂質など）		おもにコレステロールの運び屋	コレステロールとアポリポタンパクの運び屋

X 脂質の代謝

クロファージの死骸やCaなどを含んだブヨブヨのかたまりが動脈の内側にできて、血管が詰まっていくんだよ！」

「血管が詰まって血が止まっちゃうにゃ～」

「動脈が100％とおらなくなることはないけど、たまにこのかたまりが破裂して、血液凝固反応が起きて、血栓が流れていってしまうんだ！」

「血栓が流れるとどうにゃるの？」

「血栓が流れていって、脳で血管を詰まらせたら**脳梗塞**、心臓を詰まらせたら**心筋梗塞**が起こるよ！」

「こっこっ怖い病気やわ～。ウチ、からだじゅうのLDLいらんわ。せんせーに全部あげる」

「そんなことしたら、コレステロール不足で死んじゃうよ」

「大変にゃ～、どういうことにゃ～」

「リポタンパク質のからだの中での流れを見てごらん」

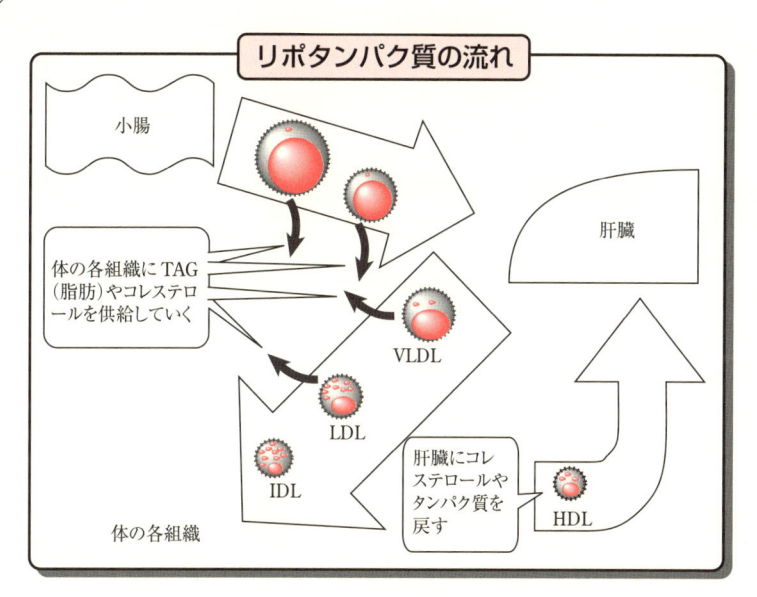

リポタンパク質の流れ

- 小腸
- 肝臓
- 体の各組織にTAG（脂肪）やコレステロールを供給していく
- VLDL
- LDL
- IDL
- 肝臓にコレステロールやタンパク質を戻す
- HDL
- 体の各組織

第19回●悪玉コレステロールってにゃんだ？

「TAG（トリアシルグリセロール）は小腸でどんどん吸収され、キロミクロンの形などで各組織や肝臓に運ばれるんだ。一方、コレステロール合成をしているのは肝臓だから、送られてきたTAGなどの脂質からVLDLをつくるんだよ！　そして各組織に脂質全般を送っているんだ」

「にゃるほどにゃ！」

「動脈硬化を起こすために流れているんじゃなくて、コレステロールやTAGなどの脂質をからだ中の細胞に送るためにVLDL、IDL、LDLなどのリポタンパク質は流れているんだ」

「じゃあHDLはにゃ〜に？」

「大まかにいえば、各組織で余ったコレステロールをかき集めて肝臓に持ち帰っているんだよ」

「にゃるほど簡単だにゃん！」

「LDLが多くなってしまうと動脈硬化を起こしやすいから、このリポタンパク質は悪玉コレステロールという名でよばれているんだ。一方コレステロールを肝臓に持ち帰ってくれているHDLは重要な回収屋さんだから善玉コレステロールとよんだりするんだ」

「せんせー、悪玉も善玉もコレステロールじゃなくて、コレステロールを含んでいるリポタンパク質じゃないにゃ？」

「そのとお〜り！　だから、生化学を学ぶものは素人じゃないから、悪玉、善玉といわず、LDL、HDLというべきだな」

「すご〜くよくわかったにゃ、ありがとにゃん！」

「ところで、血中のコレステロールを減らしたいんじゃなかったのか？」

「そうだったにゃん！　どうすればいいにゃ？」

「コレステロールを合成しているのは肝臓だから肝臓に頼んでみたらどうだ？」

- 「どうやって？」
- 「ははっ、肝臓に頼むのは難しいぞ！」
- 「なにふざけてるにゃ、ウチは真剣だにゃん！」
- 「そうだったな、方法は2つだ」
  1. 肝臓に頼んで血中のコレステロールを減らしてもらう
  2. 脂質を取りすぎないバランスのよい食生活を送る
- 「なんてありきたりの結果にゃ！」
- 「だから勉強する必要があるんだ。勉強すればきっと気をつけるようになる！」
- 「確かにそんな気がするにゃ、頑張るにゃ！」
- 「よしよし、今日から生クリーム禁止だ！」
- 「ひどすぎる〜〜やっぱりウチ肝臓に頼むにゃ〜〜」

どっちもコレステロールなのに善・悪があったにゃんて！

●悪玉●　　○善玉○

・全身送り号・　　LDL（低密度リポタンパク質）

・肝臓戻り号・　　HDL（高密度リポタンパク質）

物質の代謝

第19回●悪玉コレステロールってにゃんだ？

レベルアップ問題

次の問題に答えて！

1. 小腸でTAGを吸収するとき、おもにどんな形で吸収されるか？
2. コレステロールはどこで合成されるか？
3. コレステロールを運ぶ複合体を何とよんでいるか？
4. 悪玉コレステロールの略称は？
5. 善玉コレステロールの略称は？
6. 血中で運んでいるコレステロールが一番多い複合体の名前は？
7. 血中で運んでいるTAG（脂肪）が一番多い複合体の名前は？
8. 全身の組織からコレステロールを回収して肝臓に戻す複合体の名前は？

答え
1. モノアシルグリセロール（MAG）と高級脂肪酸　2. 肝臓　3. リポタンパク質
4. LDL　5. HDL　6. LDL　7. キロミクロン（カイロミクロン）　8. HDL

第20回 カルニチンダイエットって効くにゃ？

「せんせー、ウチ、バナナダイエットやって太ったにゃ！」

「それはやり方がいけないんだよ。まさかバナナを死ぬほど食べたんではないだろうな？」

「バナナダイエットってバナナを好きなだけ食べるんじゃないにゃ？」

「アホかー！　バナナはカリウムも多いし、食物繊維も豊富でからだに良いが、何でも食べ過ぎたら太るに決まっているだろ！」

「そうだったにゃ？　じゃあ、なにを食べまくればいいにゃ？」

「なんでダイエットする人間が食べまくることを考えているんだ、意味がわからん。まあ食べまくりたいならこんにゃくのようなノンカロリーのものを食べなさい」

「ほかにはノンカロリーのものないにゃ？」

「そうだな、野菜、ワカメ、昆布…とかいろいろあるが、氷なんかどうだ？」

「氷？　まったく食べる気がしないにゃ。なんで氷で痩せるにゃ？」

「体温を下げれば、体温を戻そうとからだは物質をどんどん代謝してエネルギーに変えるからだよ」

「初めて聞いたにゃん！　そんなダイエット法があるにゃ？」

「まあ、理論的にはそうだな。だいたい平熱の体温が1℃上がると基礎代謝は12％向上するといわれているくらいだ。だから平熱が高い人は太りにくいんだよ！」

🐱「ウチも平熱を上げるにゃ！ どうすればいいにゃ？」

👤「それは間脳の視床下部に頼むしかないな」

🐱「う～ん、それは難しそうにゃ。それ以外に代謝を上げる方法がないかにゃ？」

👤「基礎代謝を上げるのは簡単で、筋肉を増やせば代謝が上がるよ。つまり痩せやすいからだになるんだよ。健康的だろ」

🐱「う～ん、わかったけど、なんとなくスポーツするだけではやる気がしないにゃん。生化学的に脂肪の燃焼を上げる方法はないにゃ？」

（イラスト：ゼェ ハァ「何かもっと効率が良くないとやる気しないにゃ…」／「何というひねくれた性格！女心というか猫心は分からん」「教えてやってるのに‼」）

👤「脂肪の代謝の勉強をするなら教えてやらないこともないぞ」

🐱「わかったにゃ、勉強するにゃ！ 脂肪の燃焼にゃ！」

👤「そうそう。ではまず、君の気にしている脂肪は皮下脂肪だろう」

🐱「そうだにゃん。皮下脂肪の物質はにゃ～に？」

👤「トリアシルグリセロール（TAG）だよ。とりすぎた栄養はたいてい、TAGにして脂肪細胞に貯めこんでいるんだよ。まあ、貯めこみすぎている人もいるがな」

🐱「そうだにゃ、脂肪細胞の図を見ると脂肪がほとんどにゃん！」

👤「そうなんだ。脂肪だらけで、さらに、食べ過ぎると脂肪細胞自体も太っていくんだよ。だから普通は太るというのは脂肪細胞が太っているこ

脂肪細胞

1, 2!
1, 2!

にゃるほど
お肌にも
重要そうにゃ～

お菓子
おいしい
にゃー

皮下脂肪は真皮の下にある
脂肪細胞がため込んだTAGだよ！
だから、お肉を食べると
一緒に脂肪(TAG)を
食べていることが多いんだ

とをいうんだよ！」

「恐ろしい話だにゃん。脂肪細胞が太ったらぎゅうぎゅうになっちゃうにゃん！」

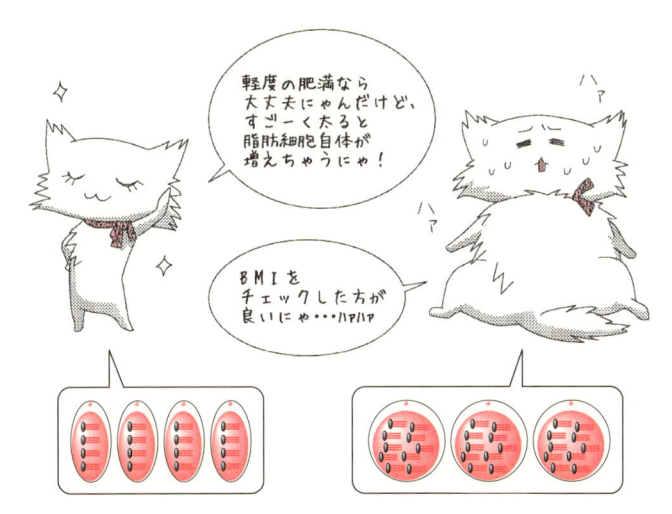

軽度の肥満なら
大丈夫にゃんだけど、
すごーく太ると
脂肪細胞自体が
増えちゃうにゃ！

BMIを
チェックした方が
良いにゃ…ハアハア

「もちろんそうだ。血流も滞って、組織が一部硬くなってしまうこともあるらしいぞ」

第20回 ● カルニチンダイエットって効くにゃ？　173

> そっそれは…
> セルライトの話だにゃ！
> やっぱり雑誌に載ってる
> 超音波キャビテーションを
> やるしかないにゃ！！
> 特定の周波数によって
> 脂肪細胞を破壊する
> 仕組みにゃ！

> いつにも増して深刻そうだな

「せんせー、脂肪細胞を痩せさせることはできないにゃ？」

「もちろん、できるよ。貯蔵庫のTAGを減らせばいいんだ」

「どこでその減らす作業をやっているにゃ？」

「エネルギーを使う場所だよ。エネルギーをいっぱい使うといえば脳や肝臓などもそうだが、意図的に消費させるなら筋肉がいいだろう」

「やっぱり筋肉を鍛えるしかないにゃ！」

「そうだな。エネルギーを使うということはATPを消費するということだ。ATPを消費すれば、その後どんどん生産しなければならない。ATPを生産している細胞小器官はどこだったかな？」

「ミトコン嬢だ！」

「大〜〜〜正解！ ミトコン嬢のエサはグルコースからできたピルビン酸だっただろう！」

「そうだったにゃ、運動するとからだの中のグルコースが減っていくにゃ！」

「そうなんだよ。でも、ATP生産はからだの中で一番重要といってもいい作業だから、ミトコン嬢のエサはピルビン酸やNADH + H$^+$だけではなく、**脂肪も食べるんだよ！**」

「ええっ！ じゃあ、もっとミトコン嬢に脂肪を食べさせなきゃ！」

「そうなんだ、そこがダイエットの基本だ！ ミトコン嬢はわがままだからTAGそのものは食べないが、TAGからできた高級脂肪酸なら食べるんだ」

「じゃあ、ミトコン嬢に高級脂肪酸を食べさせるにゃ！」

「いやいや、もっと正確にいうなら、ミトコン嬢は高級脂肪酸をそのまま食べないんだ。ミトコン嬢にとっての高級脂肪酸はチョコレートみたいなものだが、わがままだから板チョコは食べないんだ」

「じゃあ何なら食べるにゃ？」

「アーモンドチョコは食べるんだ！」

「アーモンドがいるにゃ？」

「必需品だ！ 実際に必要なのはカルニチンというんだ！」

「あーーーっ！ ウチ、そのカニちゃんって知ってる！ **カニちゃんダイエット**だ！ 親友のグリニャールちゃんもカニッツァッロっていう美味しい料理があるっていっていたにゃ、カニはすごいにゃ！」

「ちが〜〜う、カルニチンだ！ **カルニチンダイエット**だ！」

物質の代謝

カニちゃんダイエットってカニを食べまくって痩せるのかにゃ？

カニ食べ放題ツアー

豪華そうなダイエットだにゃ！

ヨダレ

カルニチンダイエットとカニッツァッロ反応の話をしているようだがどちらもカニとは無関係のはず…

ただごとではないカニへの執念だ…

第20回●カルニチンダイエットって効くにゃ？

🐱「カニと関係なかったにゃ。グリニャールちゃんにも教えなきゃ！」

👤「たぶんその心配はない。カルニチンといってもどうせ『カレーをチン』とかいうに決まっている。それより、こっちを見て勉強しなさい！」

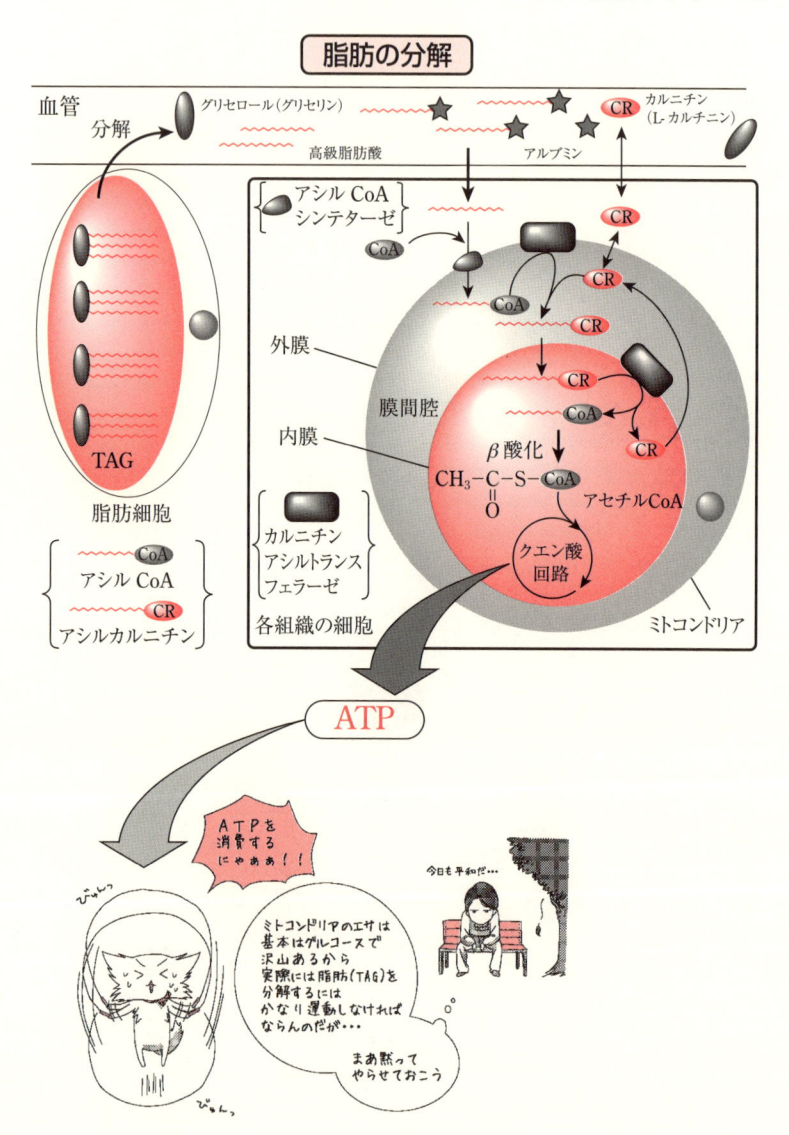

脂肪の分解

血管
分解
グリセロール（グリセリン）
高級脂肪酸
アルブミン
カルニチン（L-カルニチン）

アシルCoAシンテターゼ
CoA

外膜
膜間腔
内膜

TAG
脂肪細胞

アシル CoA
アシルカルニチン

カルニチンアシルトランスフェラーゼ

β酸化
$CH_3-\underset{\underset{O}{\|}}{C}-S-CoA$
アセチルCoA

クエン酸回路

各組織の細胞
ミトコンドリア

ATP

「ATPを消費するにゃああ！！」

「ミトコンドリアのエサは基本はグルコースで沢山あるから実際には脂肪(TAG)を分解するにはかなり運動しなければならんのだが…」

「今日も平和だ…」

「まあ黙ってやらせておこう」

X 脂質の代謝

「脂肪（TAG）から生成した高級脂肪酸がアシルカルニチン CR となってミトコンドリア中に入ったのがわかるだろ！」

「本当だにゃ。専門書は図の中に文字ばかりだったからさっぱりわからなかったけど、この図は〜〜〜があるからわかりやすいにゃん！」

「それはよかった！ あと、カルニチン CR の動きを見てみると、循環しているのがわかるかい？」

「本当だにゃん！ カルニチン CR はミトコンドリアの中でグルグルしているから入れ続けなくていいにゃん！」

「そうなんだ。でも、不足していたら脂肪の分解が進みにくいだろう」

「確かにそうだにゃ」

「だから、通常は食べ物から補うんだが、サプリメントで補ってダイエットするというのが**カルニチンダイエット**だ。非常に生化学的なダイエットだといえよう！」

「そうだったにゃ！ 感動したにゃん！ カルニチンつまり、ミトコン嬢にチョコレートを食べさせる時のアーモンドを補強すればいいにゃん！」

「単純にカルニチンを食べれば痩せるわけではないが、少なくとも脂肪は燃焼しやすくなりそうだな」

🐱「カルニチンダイエットわかったにゃん！」

👦「まあ、そのダイエット法だけではダメそうだから、簡単に生化学的なダイエットの分類をしておくよ」

🐱「ありがとにゃ！」

1. 食べ過ぎない
   → 食べ過ぎた栄養は脂肪細胞に蓄えられるから
   （食欲中枢に直接働く医薬品もある）

2. 食べた脂肪を吸収させない
   → リパーゼの働きを抑制するなど

3. 脂肪の分解促進
   → L-カルニチンなど

レベルアップ問題

176 ページの『脂肪の分解』の図を見て、次の問題に答えて！

1. 脂肪細胞内で TAG を加水分解すると何に変わるか？
2. 高級脂肪酸を血管内で運ぶタンパク質の名前は？
3. アシル CoA シンテターゼはミトコンドリアのどこに存在するか？
4. ミトコンドリアの内膜を通過するとき、脂肪酸はどんな物質に変化しているか？
5. ミトコンドリアのマトリクスに入った脂肪酸が β 酸化を受ける前にはどんな物質に変化しているか？
6. 脂肪酸がクエン酸回路に入るとき、最終的にどんな物質に変化するか？

答え
1. 高級脂肪酸とグリセロール（グリセリン）　　2　アルブミン　　3．外膜
4．アシルカルニチン　　5．アシル CoA　　6．アセチル CoA

第21回 β酸化でフォアグラを分解にゃん！

🐱「せんせー、この間、親戚のおばさんにフランス料理を食べさせてもらったらフォアグラっていうおいしい料理があったんよ！ 知ってる？」

👨「もちろん、有名な料理だ。しかし、フォアグラは確かにおいしいが、君はダイエット中じゃなかったのか？」

🐱「ええっ、フォアグラは太るにゃ？」

👨「フォアグラは、鴨やガチョウにエサを与えまくってできた脂肪肝だからな」

🐱「あれは脂肪だったにゃ？」

👨「知らないで食べていたとは。主成分は脂肪そのものだよ」

🐱「どうりで、おばさんはウチにくれたにゃ！」

👨「ということは大量に食べたな」

🐱「そうにゃ、だまされたにゃん！ 脂肪を食べて死亡するにゃん！」

👨「まあ、おちつけ。死ぬわけではない。脂肪を食べて脂肪細胞がちょっと太っただけだ」

🐱「いややわ〜」

👨「そうだな。無知って怖いだろ！ ところで、人間も脂肪肝になるんだが、なんでなるのか興味はないか？」

> うまいにゃー！！！！！！！
>
> おばちゃんのも食べなさい

X 脂質の代謝

🐱「おばさんの旦那、つまりおじさんは脂肪肝だにゃん！」

👦「ほう！ そのおじさんは酒飲みじゃないか？」

🐱「そだにゃ。ものすご～～く、お酒が好きにゃん！」

👦「やはりそうか！ それはミトコンドリアの"やる気"と関係があるんだよ！」

🐱「ミトコン嬢の"やる気"ってにゃ～に？」

👦「それにはまず、ミトコン嬢のお腹の中、つまりマトリクス内にあるβ酸化を理解してもらおう！ 本当は4段階なんだが、重要な部分を見てくれ！」

β酸化

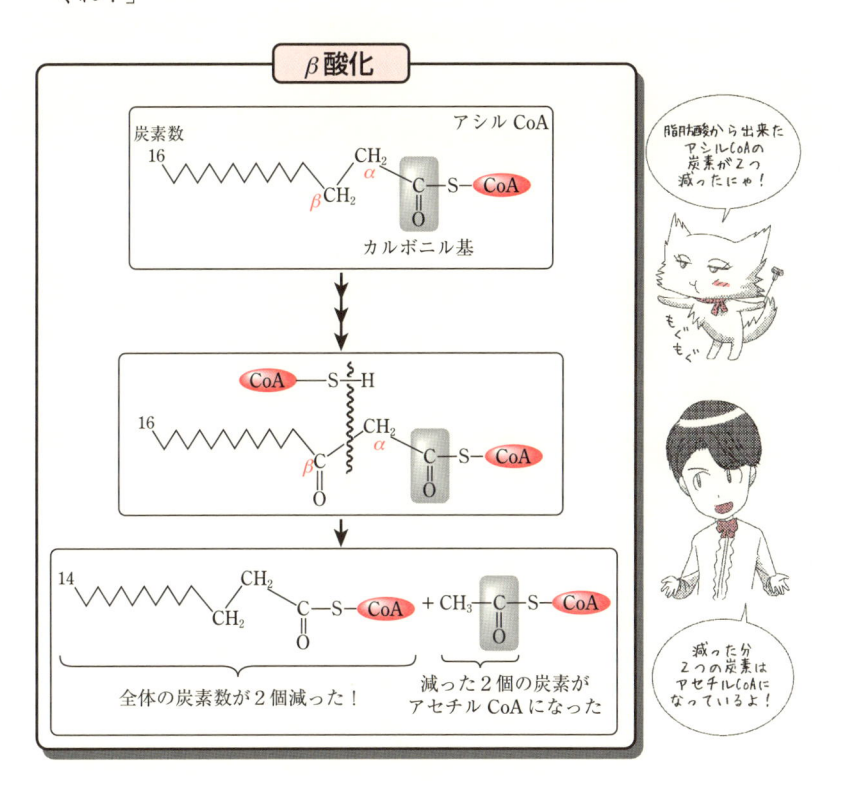

アシルCoA 炭素数16 … CH_2 β CH_2 α —C(=O)—S—CoA
カルボニル基

↓

CoA—S—H
16 … βC(=O) αCH $_2$ —C(=O)—S—CoA

↓

14 … CH_2 CH_2 —C(=O)—S—CoA ＋ CH_3—C(=O)—S—CoA

全体の炭素数が2個減った！　　減った2個の炭素がアセチルCoAになった

脂肪酸から出来たアシルCoAの炭素が2つ減ったにゃ！

減った分2つの炭素はアセチルCoAになっているよ！

第21回 ● β酸化でフォアグラを分解にゃん！

「せんせー、なんでβ酸化っていうにゃ？」

「図にもあるように**カルボニル基から数えて1つめの炭素をα、2つめをβと数えるんだ！** そしてβの炭素の$-CH_2-$が $-\underset{O}{\overset{}{C}}-$（$\overset{\|}{O}$）になって酸素がくっついただろ」

「そうだにゃ。確かにまん中の図でβの炭素が $-\underset{O}{\overset{}{C}}-$ になっているにゃ！」

「酸素と結合するのは酸化というから、βの炭素を酸化＝β酸化というよ！」

「ほ〜〜、ウチ、それだけで感動したにゃん！」

「だから、**β酸化とは2番目炭素酸化**といっているのと同じなんだよ！」

「それなら本当にわかりやすいにゃん！」

「その2番目の炭素を酸化して、そこから切断しているのが最後の反応で、炭素数2のアセチル基を持つ**アセチルCoA**ができるんだよ！」

「にゃるほどにゃん！ でも、この反応で炭素が2つ減って何が楽しいにゃ？」

「楽しんでいるわけではない。脂肪酸〜〜〜〜〜の分解をしているんだよ。この操作を何回もしていくと、炭素数が偶数のアシル基はみんなアセチルCoAになるだろ！」

「にゃるほど、具体的に見せてちょ！」

「よし、パルミチン酸（炭素数16の高級脂肪酸）を例に見せよう！ β酸化の操作を矢印↓で表すと次のようになるよ！」

X 脂質の代謝

パルミチン酸のβ酸化

（図：パルミチン酸（C16）から順次β酸化により C14, C12, C10, C8, C6, C4 のアシル CoA が生成し、最終的に 8 個のアセチル CoA（$8\ CH_3-C(=O)-S-CoA$）ができる過程）

アセチル CoA

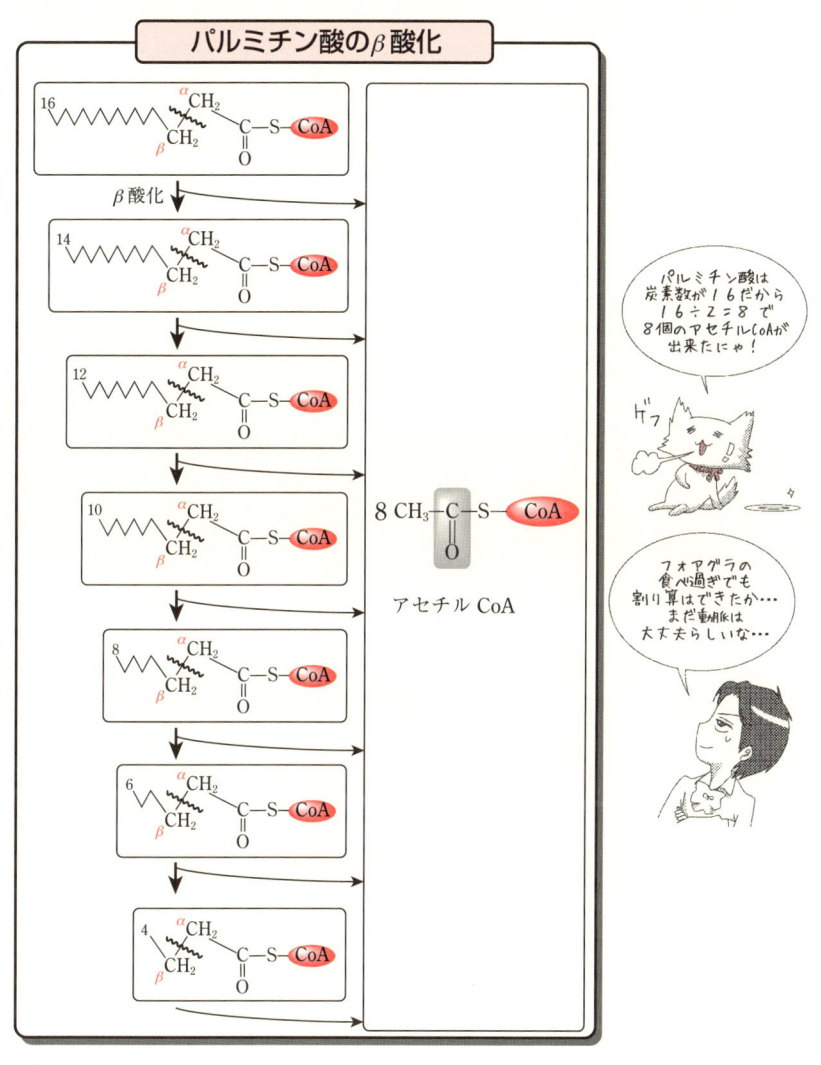

パルミチン酸は炭素数が16だから16÷2＝8で8個のアセチルCoAが出来たにゃ！

フォアグラの食べ過ぎでも割り算はできたか…まだ動脈は大丈夫らしいな…

- 「β酸化はおもしろいにゃ。2個ずつチョキチョキしているみたいにゃ！」
- 「そうだろう、おもしろいのだ！ さらに炭素を●で書いてわかりやすくしよう」
- 「サンキューにゃ！ ●はかわいくて見やすいにゃん！」

第21回● β酸化でフォアグラを分解にゃん！

β酸化による脂肪の分解

パルミチン酸（炭素数 16）

各組織の細胞

ミトコンドリア

β酸化

アセチル CoA

8 〇〇 CoA

$CH_3-\underset{\underset{O}{\|}}{C}-S$ CoA

クエン酸回路

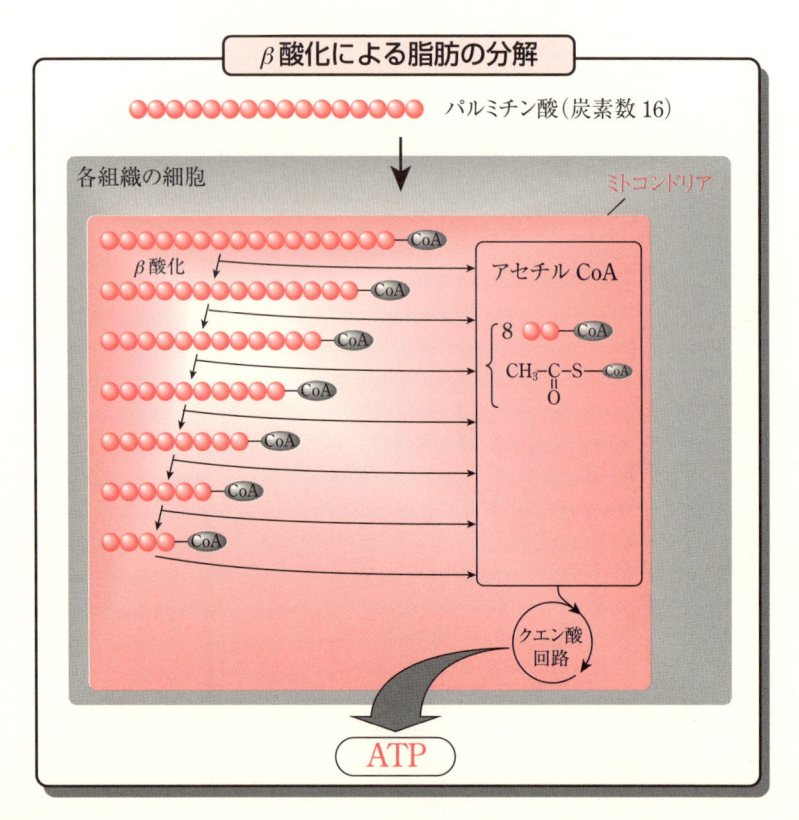

ATP

🧑「さらに図をよく見てみなさい。β酸化を行っている場所は、ミトコンドリアの中なんだよ。いわゆる、ミトコンドリアのマトリクスだ！」

🐱「本当だ！ ミトコン嬢は脂肪の分解もやっていたにゃ！」

🧑「そうなんだよ。ミトコンドリアはカルニチンで運んだ脂肪酸をどんどん分解しているんだが、実際は炭素を2個ずつチョキチョキ切る作業、つまりβ酸化をしているんだよ！」

🐱「だんだんミトコン嬢がどうやって脂肪を分解しているかわかってきたにゃん！ せんせー、素朴な疑問にゃんだけど、炭素数が奇数でも分解できるにゃ？」

🧑「大丈夫だ。別の反応経路を持っていて、余った1つの炭素はCO_2にし

X 脂質の代謝

て分解するんだよ！」

「そうだったにゃ！　それならどんな数でも分解できるから安心にゃ！」

「君は痩せたいだろうから、脂肪酸の分解に興味があるだろうが、脂肪酸は常に合成もしているから、そのことも考えないとね。合成は場所も異なるんだよ」

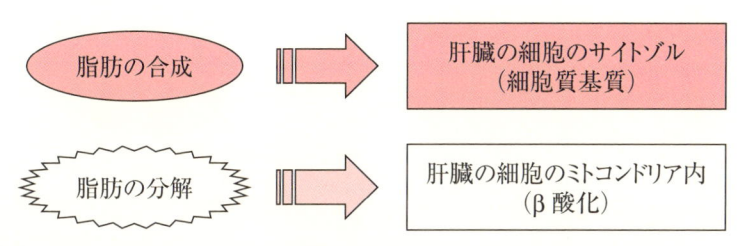

脂肪の合成 → 肝臓の細胞のサイトゾル（細胞質基質）

脂肪の分解 → 肝臓の細胞のミトコンドリア内（β酸化）

「合成もしていたにゃ！　いややわ〜」

「脂肪の合成は、クエン酸回路が抑制されると起こりやすいんだ。次のページのフローを見てごらん。赤の矢印→が脂肪の合成経路だよ」

「本当だ！　ミトコンドリアの外で脂肪が合成されてしまうにゃ！」

「脂肪が合成に向かいやすいかどうかは、NADHとNAD$^+$の比が大きく関係しているんだ。この比はいわばミコトンドリアのやる気指数みたいなものだな」

「やる気指数ってどういうことにゃ？」

「つまりミトコンドリアの最大の仕事は、ピルビン酸を食べてクエン酸回路や電子伝達系をじゃんじゃん回し、**ATPを合成しまくる**ことだ。しかし、この仕事をいつもまったく同じペースでやっているわけではないんだ」

「それはわかるにゃん。確かにやる気の出ない時もあるにゃん！」

「そうなんだ。そのやる気に該当するものが、NADH/NAD$^+$の値なんだ！」

「じゃあ、その値が大きいとやる気なの？」

第21回　β酸化でフォアグラを分解にゃん！

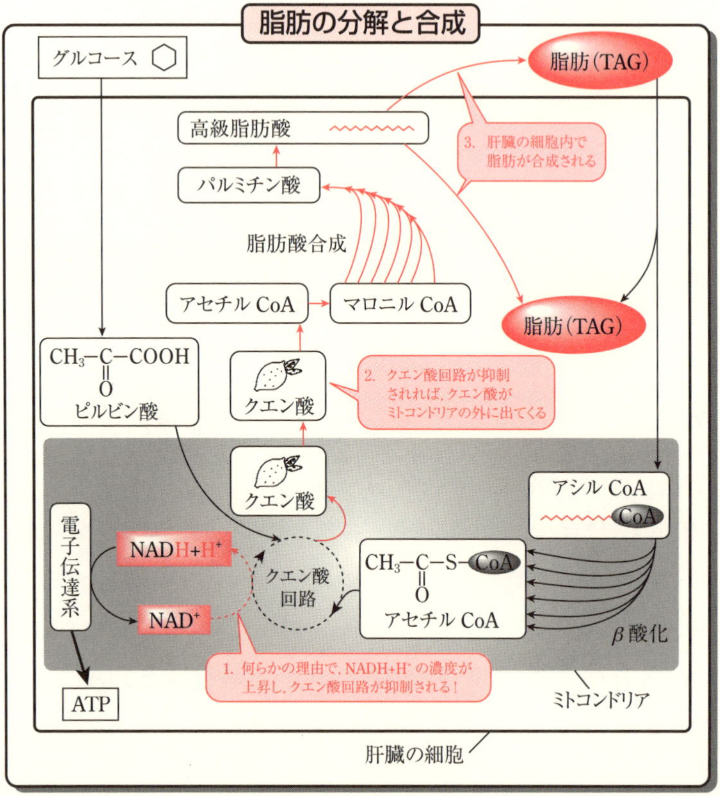
脂肪の分解と合成
グルコース
脂肪(TAG)
高級脂肪酸
3. 肝臓の細胞内で脂肪が合成される
パルミチン酸
脂肪酸合成
アセチル CoA
マロニル CoA
脂肪(TAG)
$CH_3-C(=O)-COOH$
ピルビン酸
クエン酸
2. クエン酸回路が抑制されれば，クエン酸がミトコンドリアの外に出てくる
クエン酸
アシル CoA
CoA
電子伝達系
NADH+H+
NAD+
クエン酸回路
$CH_3-C(=O)-S-$CoA
アセチル CoA
β酸化
1. 何らかの理由で，NADH+H+ の濃度が上昇し，クエン酸回路が抑制される！
ATP
ミトコンドリア
肝臓の細胞

「いいや逆だ、小さいとやる気になるんだ。次のイラストを見れば一目瞭然だよ！」

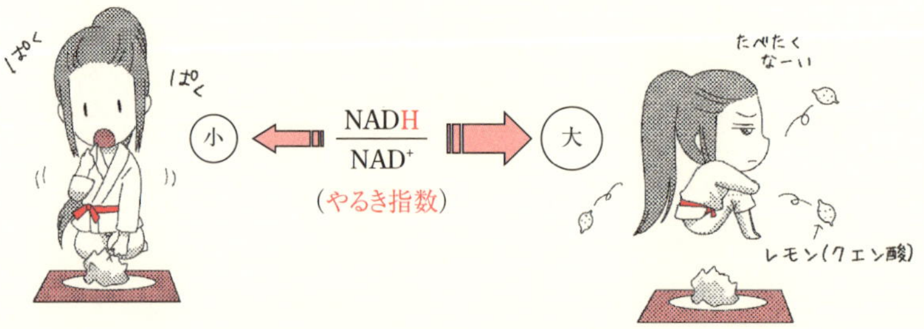
ぱく
ぱく
小
NADH / NAD+
(やるき指数)
大
たべたく なーい
レモン(クエン酸)

「にゃるほど、小さいとやる気になるにゃ。でも、どんな時にこのやる気指数が大きくなるにゃ？」

「それを増やす方法の1つが、お酒を飲むことなんだよ。ネコだから飲酒年齢制限は関係ないだろ」

「確かに、**お酒を飲むとウチもやる気が出なくなるけど、からだの中のミトコン嬢もやる気がなくなっていた**とは、ビックリにゃ！」

「そうだろう。そのせいで、ミトコンドリアではクエン酸回路があまり回らなくなり、クエン酸をサイトゾル（細胞質基質）にはき出して、脂肪合成に向かうんだよ。お酒はエタノールだから、お酒を飲んだ時のフローを見せてあげるよ。次のページの図を見てごらん！」

「ひーっ！ お酒を飲むと脂肪がどんどん貯まっていくにゃ！」

「そうなんだ！ 脂肪合成が促進されるだけでなく、β酸化が抑制されるから、肝臓に運ばれた脂肪が処理できなくなって貯まっていくんだ」

「じゃあ、お酒を飲んだだけでも脂肪肝になっていくのに、お酒を飲んで脂肪分を摂るとさらに脂肪肝への道に拍車がかかるってこと？」

「そのとお〜〜り！ だから、酎ハイに唐揚げ、ビールにサラミ、ワインにチーズなどの組み合わせは、自分の肝臓をフォアグラ化するためのすばらしい行動だといえよう！」

「にゃんてことにゃ、全部ウチが好きな組み合わせにゃ！」

「そうだな、だからワインを飲みながらフォアグラを食べるなんて最高だ！フォアグラを食べながら、自分の肝臓をフォアグラ化しているんだ！」

「にゃんてこった、ウチはフォアグラを食べながら、自分でフォアグラをつくっていたにゃ。もう、ウチはお酒もフォアグラもやめるにゃ！」

第21回 ●β酸化でフォアグラを分解にゃん！

脂肪の分解と合成・脂肪肝

図中のテキスト：
- エタノール C_2H_5OH
- C_2H_5OH
- $CH_3-\underset{O}{\overset{\|}{C}}-H$ アセトアルデヒド
- 肝細胞
- 高級脂肪酸
- パルミチン酸
- 脂肪酸合成
- アセチルCoA → マロニルCoA
- 脂肪（TAG）
- $CH_3-\underset{O}{\overset{\|}{C}}-H$
- クエン酸
- NADH+H⁺
- NAD⁺
- クエン酸回路
- $CH_3-\underset{O}{\overset{\|}{C}}-S-CoA$ アセチルCoA
- CoA
- β酸化
- CH_3-COOH 酢酸
- ミトコンドリア

1. お酒を飲むとアセトアルデヒド濃度が上昇
2. NADH+H⁺の濃度上昇で、クエン酸回路が抑制される！
3. クエン酸回路が抑制されれば、クエン酸がミトコンドリアの外に出てくる
4. クエン酸がミトコンドリア外に出て、高級脂肪酸合成促進。脂肪（TAG）が溜まる!! → 脂肪肝へ!!
5. クエン酸回路の抑制によりβ酸化が抑制される！
6. β酸化（高級脂肪酸分解）が抑制されて脂肪（TAG）が溜まる!! → 脂肪肝へ!!

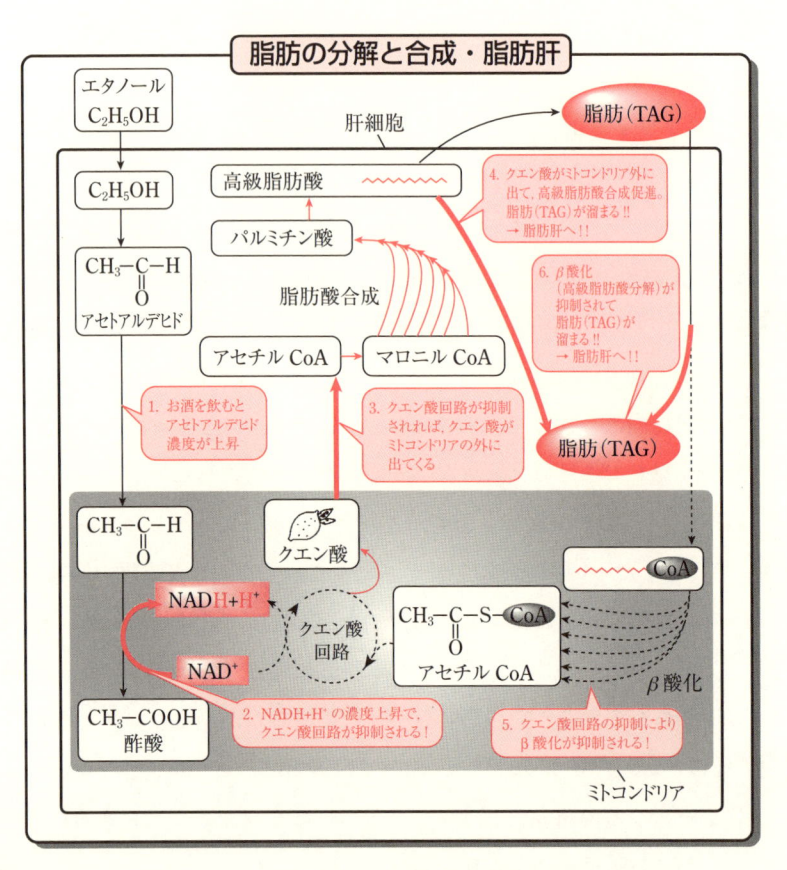

😊「それはよい心がけだな。しっかりとした知識を持ち、思考するようになれば、食べ物の嗜好も変わるのだ！　よかった、よかった！」

🐱「本当にありがとにゃん！　ウチ、ダイエット頑張るにゃん！」

😊「そうか、頑張りなさい！　では、私は生物系の講師達と飲み会があるから失礼するよ！」

🐱「せんせー、ずるいにゃ！　ビールと唐揚げを食べるつもりにゃ！」

😊「うるさい！　滅多にない飲み会だから少量のエタノールを摂取するだけだ！」

🐱「ウチも禁酒は明日からにするにゃ！」

レベルアップ問題

次の質問に該当するものを解答群から選んで！

1. β 酸化により生成するものは何か？
    ① アセチル CoA　② マロニル CoA　③ スクシニル CoA
2. 脂肪酸の合成で炭素数を増やしている物質はどれ？
    ① アセチル CoA　② マロニル CoA　③ スクシニル CoA
3. $NADH/NAD^+$ の値が大きくなるとクエン酸回路はどうなる？
    ① 抑制される　② 活発になる　③ 変化なし
4. $NADH/NAD^+$ の増加でミトコンドリアからサイトゾルに何が出される？
    ① オキサロ酢酸　② クエン酸　③ コハク酸
    ④ 2-オキソグルタル酸（α-ケトグルタル酸）
5. エタノールを飲むと、ミトコンドリア内で何が上昇する？
    ① エタノール濃度　② アセトアルデヒド濃度
    ③ リンゴ酸濃度
6. エタノールにより脂肪酸合成が促進される理由として不適切なものは？
    ① クエン酸回路抑制　　② β 酸化抑制
    ③ パルミチン酸合成促進　④ NAD^+ 増加

答え
1. ①　2. ②　3. ①　4. ②　5. ②　6. ④

XI タンパク質の代謝

第22回 筋肉増強にはBCAAにゃん！

- 「せんせー、ダイエットには筋肉をつけて基礎代謝を上げるのがいいのよね？」
- 「そのとおりだ。しっかり運動をしてダイエットするのは理想的な方法だ！」
- 「運動するのはいいとして、サプリメントでブカーを摂ると筋肉増強に効果があるって聞いたにゃ。ブカーってにゃ〜に？」
- 「ブカー？ 本当にわからんな、ブッカー賞というのは聞いたことがあるが……」
- 「ブカーが入ったサプリメントを買ったんだけど、確かアミノ酸って書いてあったにゃん！」
- 「それはブカーでなく、BCAAと書いてあったんじゃないのか？」
- 「それだにゃん！」
- 「バカー！ それはブカーじゃない。分岐鎖アミノ酸（Branched Chain Amino Acid）（BCAA）といって、炭素の結合（炭素鎖）に枝分かれのあるアミノ酸のことをさすんだよ！ 具体的にはバリン、ロイシン、イソロイシンだ！ 全部、人間のからだの中で合成できない必須アミノ酸だ！」
- 「なんで、枝分かれのあるアミノ酸が筋肉と関係あるにゃ？」
- 「それは、筋肉のタンパク質であるアクチンとミオシンの主成分が分岐鎖アミノ酸（BCAA）だからだよ。スポーツドリンクやサプリメントの

BCAAは、筋肉を酷使した後、その損傷を補うべく摂取するという考え方に基づいているんだ」

＜BCAAの覚え方＞

バリ　　　で両親　　　いそうろう
（バリン）（ロイシン）（イソロイシン）

もしもし
悪いけど
うちの両親が
お世話に
なるにゃー

う…
うん

🐱「へぇ～、アミノ酸の勉強はおもしろいにゃん！」

👨「そうか！ 筋肉は通常、アミノ酸を分解はしていないんだが、激しく動かし続けると筋肉のタンパク質を分解して、BCAAであるロイシン、イソロイシン、バリンをミトコンドリアに食べさせるんだよ！」

🐱「ええ、ミトコン嬢はアミノ酸も食べるにゃ？」

👨「そのままでは食べないが、α-ケト酸にすれば、脂肪酸と似ているからカルニチンシャトルを使って食べるんだ！」

🐱「おもしろいにゃん！ じゃあ、脂肪酸と似ているα-ケト酸のつくり方を教えてにゃ！」

👨「よしよし、こちらを見てごらん！」

筋肉でのアミノ酸代謝

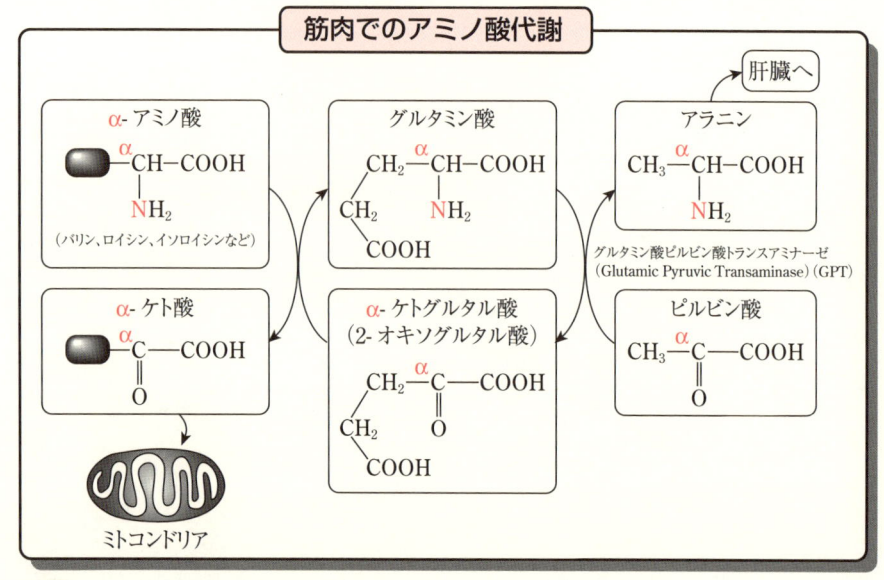

α-アミノ酸
CH–COOH
NH₂
（バリン、ロイシン、イソロイシンなど）

グルタミン酸
CH₂–CH–COOH
CH₂ NH₂
COOH

アラニン → 肝臓へ
CH₃–CH–COOH
NH₂

グルタミン酸ピルビン酸トランスアミナーゼ
(Glutamic Pyruvic Transaminase) (GPT)

α-ケト酸
C–COOH
O
↓ ミトコンドリア

α-ケトグルタル酸
（2-オキソグルタル酸）
CH₂–C–COOH
CH₂ O
COOH

ピルビン酸
CH₃–C–COOH
O

🧑「-COOH の隣の炭素を α 炭素という（182 ページ参照）けど、α 炭素にアミノ基がつけば α-アミノ酸、ケトン基（C = O）がつけば α-ケト酸だよ」

🐱「規則を覚えれば、名前は意外と簡単にゃん！ じゃあ、図の中の α-ケトグルタル酸とかピルビン酸も α-ケト酸なの？」

🧑「そのとお〜〜り！ 名前はおもしろいでしょ」

🐱「本当にゃん！ α-ケト酸も α-ケトグルタル酸もピルビン酸もミトコン嬢は食べるはずだにゃ！」

🧑「そうだ。構造がわかるとおもしろいだろ。ところで図の中の N（窒素）が赤くなっているのは気にならないか？」

🐱「そういえば気になるにゃん。あの N はどういう意味にゃ？」

🧑「N 化合物であるアミノ酸にはアミノ基（-NH₂）があるけど、これを解体するとすぐに毒性の強いアンモニア（NH₃）が発生するんだ」

🐱「筋肉内に毒物があっては困るにゃん！」

「そうだろう。だから毒物処理専門の臓器である肝臓に運ぶんだよ！　その時は**毒性のないアラニン**にして運んでいるんだ！」

「にゃるほど、アラニンちゃんは安全な N 運び屋さんていうことにゃ！」

「そうそう。だからこのグルタミン酸ピルビン酸トランスアミナーゼ（Glutamic Pyruvic Transaminase）（GPT）などの酵素が重要なんだ」

「にゃんだか難しそうな名前にゃん」

「そんなことはないよ。トランスといえば Transfer（移動する）って言葉知っているでしょ。だから、アミノ基転移酵素を Transaminase っていうんだよ。~ ase は酵素の語尾によく使われるし、簡単だよ」

「本当だ、名前はわかりやすいにゃ！　あとアラニンを肝臓に運ぶって話だけど、前にも肝臓に乳酸を運んだ気がするにゃん。肝臓にいろいろ運ぶと混乱するにゃ、助けてせんせー！」

「そうだな、以前やったのはコリ回路（124 ページ）だな。では、筋肉からアラニンを運ぶ**グルコース - アラニン回路**と**コリ回路**をまとめて見せよう。次の"筋肉と肝臓の間の物質移動"の図を見てごらん！」

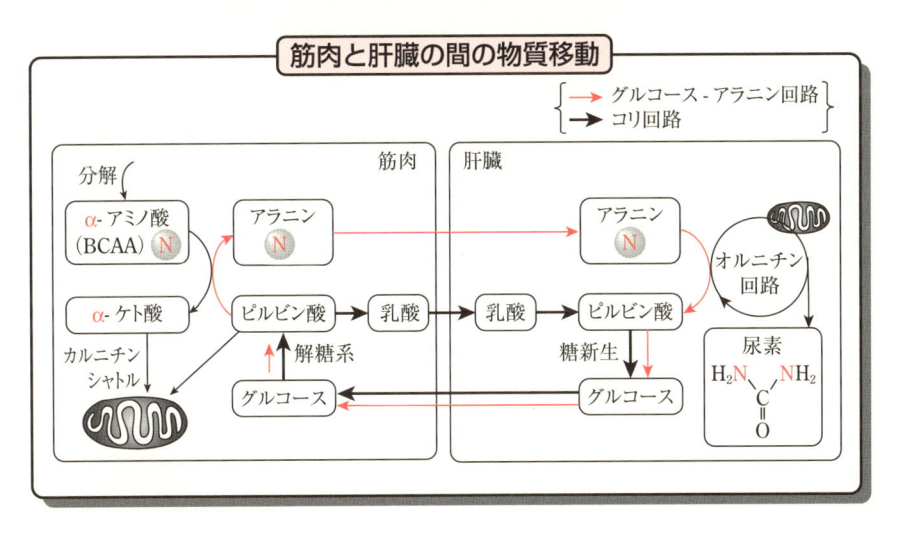

筋肉と肝臓の間の物質移動

→ グルコース - アラニン回路
→ コリ回路

筋肉

分解
α- アミノ酸（BCAA） N
α- ケト酸
カルニチンシャトル
アラニン N
ピルビン酸 → 乳酸
解糖系
グルコース

肝臓

アラニン N
乳酸 → ピルビン酸
糖新生
グルコース
オルニチン回路
尿素 $H_2N-C(=O)-NH_2$

第 22 回 ● 筋肉増強には BCAA にゃん！

🐱「えーっと、筋肉でできたアラニンが肝臓に運ばれてるにゃ！」

👨「そのとおり。肝臓でアラニン中のNを無害な尿素（Nを含む）に変えるんだ！」

🐱「尿素は無害にゃ？」

👨「そうだ。高校でやったはずだが、同じNが入った化合物でも、アンモニアは有毒だが、尿素は無害だ！」

🐱「ありがとにゃん。でもコリ回路の部分はどういう働きにゃ？」

👨「Nの運搬に使ったアラニンは、ピルビン酸に変えられてグルコースになるんだよ！　このように、アラニンのようなアミノ酸から糖が合成されているんだ！」

🐱「アラニンは役に立つ化合物にゃ！」

👨「そうなんだ。ところで、初めの話に戻るが、筋肉を激しく動かし続けると筋肉を構成するタンパク質が分解されてBCAAであるロイシンとイソロイシンとバリンが分解されてしまうだろ」

🐱「そうだったにゃん」

👨「だからスポーツドリンクやサプリメントで補おうという考え方があるんだよ。スポーツ選手にとってはせっかく鍛えた筋肉が消費されるのは嫌だからね」

🐱「にゃるほどにゃ！　筋肉が多いと基礎代謝が大きくなるから、ダイエットする美少女達にもBCAAは重要にゃん！」

👨「美少女？　まあなんでもよいが、BCAAを含む食品を摂り、筋肉を鍛えなさい。健康一番だ！」

🐱「ウチ、今日からブカーダイエットにゃ！」

👨「だからブカーじゃないって！」

レベルアップ問題

次の問題に答えて！

1. 筋肉を形成するフィラメント状タンパク質の名前を2つ答えなさい。
2. 分岐鎖アミノ酸である3つのアミノ酸の名前は？
3. アミノ酸代謝で、グルタミン酸から生成する同じ炭素数のα-ケト酸の名称は？
4. アミノ酸代謝で、アラニンから生成する同じ炭素数のα-ケト酸の名称は？
5. コリ回路で筋肉から肝臓に血液を介して運ばれる物質は？
6. グルコース-アラニン回路で筋肉から肝臓に血液を介して運ばれる物質は？
7. 肝臓でアラニンが代謝される時に生成する無害な窒素化合物の名称は？

答え
1. アクチンとミオシン　2. ロイシン、イソロイシン、バリン
3. α-ケトグルタル酸　4. ピルビン酸　5. 乳酸　6. アラニン　7. 尿素

第23回 オルニチン回路って格好いいにゃん！

🐱「せんせー、この間、授業で『俺んチ、カイロ』っていっていた先生がいたにゃん。エジプトが実家なんて格好いいにゃ！」

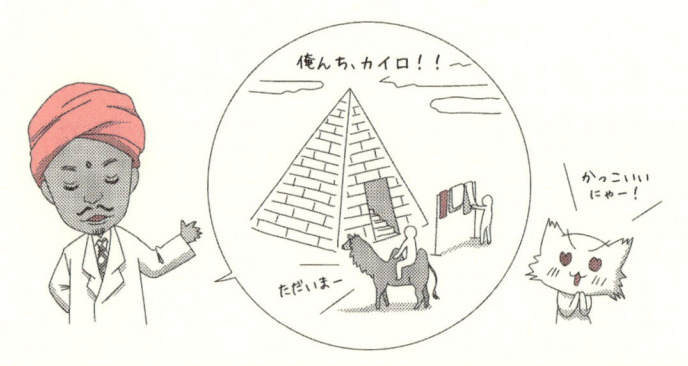

（イラスト：俺んち、カイロ！！～ ただいまー／かっこいいにゃー！）

👨「そんな先生いたかな？　確かにエジプトの首都カイロが実家とは魅力的だ…」

🐱「そうだにゃん！　でも、尿の話ばかりしていたにゃん！」

👨「尿？　いや、ちょっと待て、まさかオルニチン回路といっていたのではないか？」

🐱「そうだった気もするにゃん！」

👨「アホか……というかアホだった。それはオルニチン回路といって肝臓の細胞内の回路だ！」

🐱「じゃあ、エジプトと関係なかったにゃ！」

👨「当たり前だ！　エジプトもピラミッドも関係ない！　一回、ラクダに頭

XI　タンパク質の代謝

でも噛まれて、さそりに鼻でも刺されたほうがよいな」

😺「そんな事いわずに、オレンチ回路を教えてにゃ！」

🧑「そうだな、オルニチン回路は肝臓でアミノ酸を分解するときに発生するN化合物を無害化する回路だよ。前回、じつはチラッと見せているんだよ。193ページの**"筋肉と肝臓の間の物質移動"**のフローを見てごらん！」

😺「本当だ、右上に小さくグルグルしている回路があるにゃん！」

🧑「そうだよ。だから、オルニチン回路がある目的は尿素づくりだから単純だ！ それより、アミノ酸の代謝の全体をざっと教えよう」

😺「ありがとにゃ、頑張るにゃん！」

🧑「タンパク質を摂取したらアミノ酸として小腸から吸収されるが、摂取したアミノ酸の行く先は大まかには次のとおりだよ！」

タンパク質
アミノ酸
→
（まんぷく！）

1. タンパク質の合成
   （組織の損傷の補填を含む）
2. ホルモン・神経伝達物質・核酸などの合成
3. 糖新生（グルコースの合成）
4. 脂肪酸の合成
5. エネルギーとなる

😺「アミノ酸はいろいろなものになるにゃ！」

🧑「そうなんだよ。図の1と2は組織をつくったり、重要なタンパク質等の物質の合成に必要だが、必要量以上食べれば、3、4、5のように糖や脂肪になったりエネルギーとなったりするんだ」

😺「5の"エネルギーとなる"ってどういうことにゃ？」

🧑「具体的には、クエン酸回路に入れるようになるんだよ。ミトコンドリアに食べさせるんだ！」

🐱「余ったものはなんでもミトコン嬢が食べるなんて、ミトコン嬢はすごいにゃ！」

👦「そうだな。エネルギーつまり、ATPを合成するだけでなく、肝臓では糖新生や脂肪酸の合成をやるんだ。肝臓のミトコンドリアは本当にすごいんだよ！」

🐱「アミノ酸が解体されるルートを見せてにゃ」

👦「タンパク質を構成するアミノ酸は約20種類あって、それぞれに反応があるから、全部いきなり見たら倒れるぞ！ 次のページで、クエン酸回路に入る経路だけ見せよう！」

🐱「うん。今日はそれだけにするにゃん！」

アミノ酸	略号	アミノ酸	略号	アミノ酸	略号	アミノ酸	略号
アラニン	Ala	グルタミン	Gln	**ロイシン**	**Leu**	フェニルアラニン	Phe
アルギニン	Arg	グルタミン酸	Glu	**リシン**	**Lys**	トレオニン	Thr
アスパラギン	Asn	グリシン	Gly	**メチオニン**	**Met**	トリプトファン	Trp
アスパラギン酸	Asp	ヒスチジン	His	セリン	Ser	チロシン	Tyr
システイン	Cys	**バリン**	**Val**	プロリン	Pro	**イソロイシン**	**Ile**

（太字は必須アミノ酸）

👦「20種のアミノ酸の略字の対応表も載せておいたよ。これだけの経路があるんだから、アミノ酸も十分にエネルギーとなるわけだが、絶食時には肝臓でグルコース（ブドウ糖）を合成する糖原性アミノ酸とケトン体や脂肪酸を合成するケト原性アミノ酸の２つがあるんだよ」

🐱「グルコースができる経路が→で、ケトン体と高級脂肪酸ができる経路が→っていうことね。矢印を追えばグルコースとケトン体や高級脂肪酸になるからわかるにゃ、ありがとにゃん！」

👦「そうだろう。ところで、このフローはNが書いていないのだが、アミノ酸を分解すると必ずNが出てくるんだ！ このNを処理しているのも**肝臓**なんだ！」

🐱「そうだったにゃ！ それが、オレンチ回路だにゃ！」

〜絶食時の肝細胞内〜
アミノ酸からの糖新生とケトン体生成

グルコース

ホスホエノール
ピルビン酸
PEP

Ala ← 筋肉から
Cys
Gly
Ser
Thr
Trp

高級脂肪酸

ケトン体
（肝臓以外の組織で
アセチルCoAへ）

Asp
Asn

オキサロ酢酸

ピルビン酸

Leu
Trp
Ile

Leu
Lys
Phe
Trp
Tyr

Asp
Phe
Tyr

フマル酸

リンゴ酸

Ile
Met
Thr
Val

Arg
Glu
Gln
His
Pro

Glu

リンゴ酸

オキサロ酢酸

クエン酸回路

ピルビン酸

アセチルCoA

アセト
アセチルCoA

アセト酢酸
$O=C-CH_3$
CH_2-COOH
（ケトン体）

3-ヒドロキシ酪酸
$HO-CH-CH_3$
CH_2-COOH
（ケトン体）

スクシニルCoA

2-オキソグルタル酸
（α-ケトグルタル酸）

絶食時
に抑制

クエン酸

高級脂肪酸

肝細胞のミトコンドリア
肝細胞

糖原性アミノ酸（グルコースになるアミノ酸）
糖原性とケト原性の両方の性質を示すアミノ酸
Leu, Lys　ケト原性アミノ酸（ケトン体や脂肪酸になるアミノ酸）

物質の代謝

第23回●オルニチン回路って格好いいにゃん！

「だから、オルニチン回路だって。肝細胞のサイトゾルとミトコンドリアが共同で行っている回路だよ！ グルコースの糖新生などと連動しているんだ！」

「わかりやすいのまた見せてにゃ！」

「よしよし、こっちだよ。ここでは α-アミノ酸をスタートに N の行方をたどってみてごらん。最後に N が２つ入った尿素になっているから。これで肝臓は N の無害化に成功したことがわかるよ！」

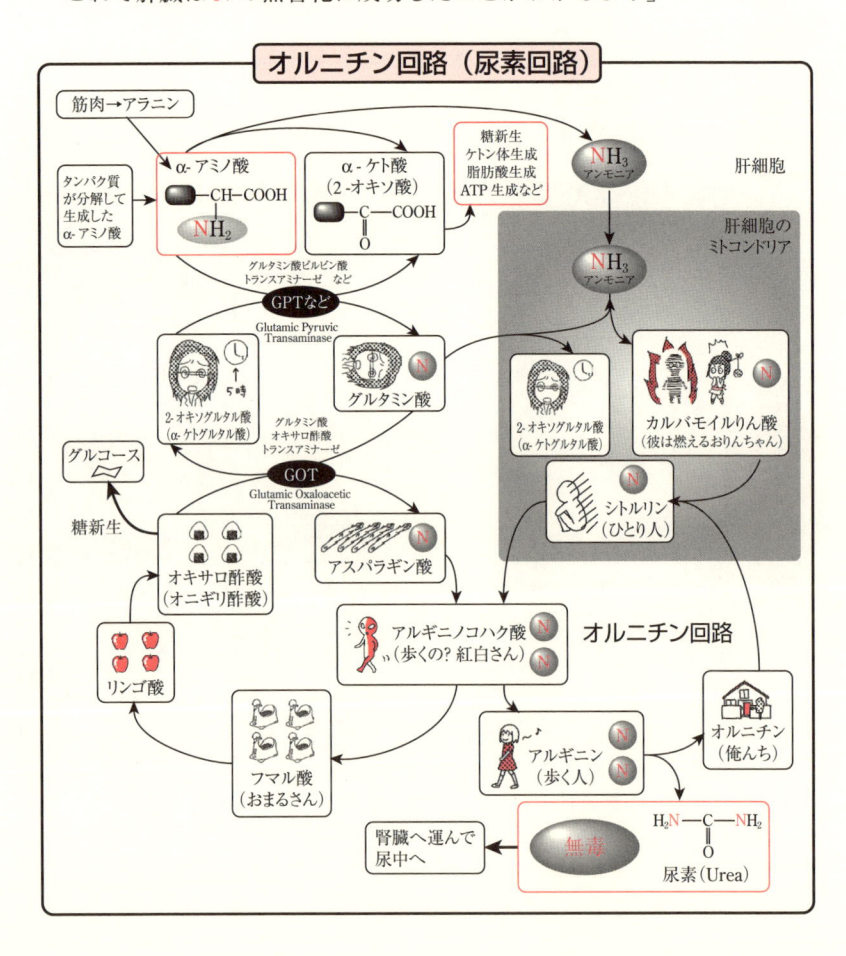

オルニチン回路（尿素回路）

- 筋肉→アラニン
- タンパク質が分解して生成したα-アミノ酸
- α-アミノ酸 CH-COOH / NH₂
- α-ケト酸（2-オキソ酸）C-COOH
- 糖新生 ケトン体生成 脂肪酸生成 ATP生成など
- NH₃ アンモニア
- 肝細胞
- グルタミン酸ピルビン酸トランスアミナーゼ など
- GPTなど（Glutamic Pyruvic Transaminase）
- 2-オキソグルタル酸（α-ケトグルタル酸）
- グルタミン酸
- グルタミン酸オキサロ酢酸トランスアミナーゼ
- GOT（Glutamic Oxaloacetic Transaminase）
- 肝細胞のミトコンドリア
- 2-オキソグルタル酸（α-ケトグルタル酸）
- カルバモイルりん酸（彼は燃えるおりんちゃん）
- シトルリン（ひとり人）
- グルコース
- 糖新生
- オキサロ酢酸（オニギリ酢酸）
- アスパラギン酸
- リンゴ酸
- アルギニノコハク酸（歩くの？紅白さん）
- オルニチン回路
- フマル酸（おまるさん）
- アルギニン（歩く人）
- オルニチン（俺んち）
- 無毒
- 腎臓へ運んで尿中へ
- H₂N—C(=O)—NH₂ 尿素（Urea）

「本当だにゃ！　アミノ酸の中のNが無害な尿素になったにゃん！」

「尿素は無害で、保湿効果が高いから、乾燥肌のためのクリームなどに入っているだろう」

「尿素の配合量が多いのは高いにゃん。確かに有毒じゃないにゃん」

「いろいろ教えてくれたおれに塗ってあげるにゃん！」

「ところで、図の中にGPTやGOTって酵素があるだろ？」

「左上のほうにあるにゃ。これはアミノ基の転移酵素にゃ！」

「そうなんだ。これらは肝臓に特異的にたくさんあるから、肝炎などで肝臓の細胞が破壊されていると、細胞から酵素が出て、GPTやGOTの血中の濃度が上昇するんだよ！」

「にゃるほど。親戚のおじさんはGPTとGOTの濃度が高くて、肝臓悪いっていっていたにゃ。肝臓のアミノ基転移酵素の名前だったにゃ！」

「そうだよ。君ももっと勉強して、たくさんの人の役に立つんだよ！」

「わかったにゃん！　ありがとう、せんせー！」

レベルアップ問題

次の問題に答えて！

1. ケトン体も各組織でATP産生の材料になるが、代表的なものを2つ答えなさい。
2. オキサロ酢酸がGOTによりグルタミン酸からアミノ基をもらうと何に変化するか？
3. アルギニノコハク酸1分子中にNは何個入っているか？
4. オルニチンにNを与えてシトルリンにする、ミトコンドリア内の物質は何？
5. アルギニンとオルニチンそれぞれ1分子中に、Nは何個入っている？

答え
1. アセト酢酸、3-ヒドロキシ酪酸（アセトンも可）　2. アスパラギン酸
3. 2個　4. カルバモイルリン酸　5. アルギニン：2個、オルニチン：0個

索引

【英字・記号】

1,3-ビスホスホグリセリン酸 113
2-ホスホグリセリン酸 113
二リン酸 20
3-ヒドロキシ酪酸 199
3-ホスホグリセリン酸 113
三リン酸 21
Acetic acid 52
Acetyl group 52
Acyl group 51
Adenine 30
adenosine 22
adenosine triphosphate 23, 100
ADP 25, 101
Amino group 14
AMP 36
ATP 23, 100
ATP合成 156
ATP合成酵素 147
BCAA 190
Branched Chain Amino Acid 190
Carboxy group 14
CoA 133
CoASH 134
Coenzyme A 133
CoQ 143, 159
CoQ10 149
Cyt c 143, 159
Cytosine 30
Cytosol 110
DAG 58
dehydrogenase 129
deoxyribonucleotide 34
deoxyribose 16
diacylglycerol 58
diphosphoric acid 20
DNA 40
FAD 127, 159
FADH$_2$ 128, 158
Glutamic Pyruvic Transaminase 193
GMP 45
GPT 193
group 14
Guanine 30
H$^+$ 144
H$^+$-ATPase 147
HDL 168
Hydroxy group 14
IDL 166
LDL 165
Lipase 61
Lipid 61
Low density lipoprotein 165
Malonic acid 52
Malonyl group 52
Matrix 128
myelin-sheath 83
NAD$^+$ 118, 153
NADH 119, 153
NH$_3$ 192
nicotineamide adenine dinucleotide 118
Palmitic acid 52
Palmitoyl group 52
phosphoric acid 19
purine 29
pyrimidine 29
Pyruvic acid 110
ribonucleotide 33
ribose 13
RNA 40
Succinic acid 52
Succinyl group 52
S字曲線 96
TAG 57, 60, 70
Thimine 30
Transaminase 193
triacylglycerol 57, 60
Tricarboxylic acid 136
Tricarboxylic acid cycle 136
triphosphoric acid 21
Uracil 30
VLDL 166
α-アミノ酸 46, 192
α-ケト酸 192
α-ケトグルタル酸 131, 192
α炭素 192
β酸化 181

【あ】

悪玉菌 121
悪玉コレステロール 165
アクチン 190
アシルCoA 176, 181
アシルCoAシンテターゼ 176
アシルカルニチン 177
アシル基 51
アスパラギン酸 154
アセチルCoA 134, 182
アセチル基 52
アセトアルデヒド 188
アセト酢酸 199
アデニン 30, 41
アデノシン 22
アデノシン三リン酸 23, 100
アミノ基 14
アミノ基転移酵素 193
アミノ酸 44
アミノ酸代謝 192
アミノ酸のイオン化 47
アミノ酸の合成 48
アラニン 193
アルドステロン 74

アロステリック酵素　96
アンモニア　192
イソクエン酸　131
イソロイシン　190
イノシン酸　44
うまみ成分　44
ウラシル　30
エストラジオール　74
エタノール　188
オキサロ酢酸　131, 153
オルニチン回路　196

【か】
外呼吸　103
解糖系　99, 113
外膜　146
界面活性剤　63
核酸　8, 18, 36
カツオだし　44
カルニチン　177
カルニチンアシルトランスフェラーゼ　176
カルボキシ基　14
カルボキシル基　14
カルボニル基　181
還元　141
基　14
基質　88
拮抗阻害　93
競合阻害　93
共生　106
共生進化説　108
キロミクロン　165
グアニル酸　45
グアニン　30, 41
クエン酸　136
クエン酸回路　126, 131
グリセロアルデヒド-3-リン酸　113
グリセロリン脂質　80
グリセロール　69
グリセロール-3-リン酸デヒドロゲナーゼ　157

グリセロールリン酸シャトル　157
グルコース　102, 160
グルコース-6-リン酸　113
グルコース-アラニン回路　193
グルタミン酸　49, 192
グルタミン酸ピルビン酸トランスアミナーゼ　193
グループ　14
クレブス　137
クレブス回路　131
ケト原性アミノ酸　198
ケトン体生成　199
原核生物　117
嫌気呼吸　107
嫌気性細菌　107
原子価　2
元素記号　2
好気呼吸　107
好気性細菌　107
高級　53
高級アシル基　55
高級脂肪酸　56
酵素　87
構造式　2
コハク酸　52, 131
コハク酸デヒドロゲナーゼ　129, 159
コリ回路　123, 193
コール酸　64, 74
コルチゾール　74
昆布だし　49

【さ】
サイトゾル　110
細胞呼吸　109
細胞質基質　110
細胞膜　78
酢酸　52
三大栄養素　6
ジアシルグリセロール　58
しいたけだし　45

シグモイド曲線　96
脂質　6, 51, 61
脂質の代謝　163
脂質の分類　68
シトクロム c　143, 159
シトシン　30, 41
ジヒドロキシアセトンリン酸　113, 157
脂肪細胞　173
脂肪の加水分解　56
脂肪の構造　55
脂肪の分解　176
脂肪の分解と合成　186, 188
周期表　2
脂溶性ビタミン　62
心筋梗塞　167
親水基　64
親油基　64
髄鞘　83
水素結合　41
水素伝導体　118
水溶性ビタミン　62
数詞　20
スクシニル CoA　131
スクシニル基　52
ステロイド　73
ステロイド骨格　73
スフィンゴシン　69
スフィンゴミエリン　80
スフィンゴリン脂質　83
生体膜　80
性ホルモン　73
絶食時　199
セラミド　70
セラミドホスホリルエタノールアミン　80
セラミドホスホリルコリン　80
善玉菌　121
善玉コレステロール　168
疎水基　64

【た】

多糖類　10
胆汁酸　65
炭水化物　6, 9
炭水化物の代謝　99, 126, 139
単糖類　9
タンパク質　6
タンパク質の代謝　190
チオール基　134
チミン　30, 41
中性脂肪　60
腸内細菌　117
低級　53
低密度リポタンパク質　165
デオキシリボース　16
デオキシリボヌクレオチド　34
テストステロン　74
電子伝達系　139
電子伝導体　118
デンプン　104
糖　9
糖原性アミノ酸　198
糖脂質　84
糖新生　123, 199
トリアシルグリセロール　57, 60
トリカルボン酸　136
トリカルボン酸回路　136

【な】

内呼吸　103
内膜　128, 142, 157
ニコチンアミドアデニンジヌクレオチド　118
二糖類　10
乳酸　113, 120
乳酸菌　122
尿素　200
尿素回路　200
ヌクレオチド　31, 36
ヌクレオチドのイオン化　47
ヌクレオチドの結合　37
脳梗塞　167

【は】

肌の構造　71
バリン　190
パルミチン酸　52, 183
パルミトイル基　52
非拮抗阻害　94
非競合阻害　94
ビタミン　62
ビタミンB_3誘導体　119
ビタミンD_3　76
ヒドロキシ基　14
ヒドロキシル基　14
ビフィズス菌　121
標準還元電位　140
標準電極電位　140
ピリミジン　29
ピリミジン塩基　30, 41
ピルビン酸　103, 110, 192
フィードバック阻害　96
不拮抗阻害　95
不競合阻害　95
複合体Ⅰ　143
複合体Ⅱ　129, 159
複合体Ⅲ　143, 159
複合体Ⅳ　143, 159
複合体Ⅴ　147
副腎皮質ホルモン　73
ブドウ糖　102
フマル酸　131
プリン　29
プリン塩基　30, 41
フルクトース　114
フルクトース-1,6-ビスリン酸　113
フルクトース-6-リン酸　113
プロゲステロン　74
プロトン　144

分岐鎖アミノ酸　190
分子式　2
ペプチド結合　48
補酵素A　133
補酵素Q　143, 159
ホスファチジルエタノールアミン　80
ホスファチジルグリセロール　80
ホスファチジルコリン　80
ホスファチジルセリン　80
ホスホエノールピルビン酸　113

【ま】

マトリクス　128
マロン酸　52
マロニルCoA　186
マロニル基　52
ミオシン　190
ミカエリス-メンテンの式　88
ミトコンドリア　99, 128
モノアシルグリセロール　164

【や】

誘導脂質　72
ユビキノン　149
ヨーグルト　122

【ら】

ラインウィーバー・バークプロット　92
リパーゼ　61, 64
リボース　12
リポタンパク質　165
リボヌクレオチド　33
リンゴ酸　131, 153
リンゴ酸-アスパラギン酸シャトル　113, 152
リン酸　18
リン脂質　78
ロイシン　190

著者紹介

亀田和久(かめだかずひさ)

代々木ゼミナール講師としてサテラインや代ゼミBB等で多くの講座を担当する。趣味はジャズピアノ。「人が面倒くさいと思う事をやれ!」をモットーに、常に仕事に努力を惜しまない性格。

NDC464　215p　21cm

わかりすぎてヤバい！ シリーズ
亀田講義ナマ中継(かめだこうぎナマちゅうけい)　生化学(せいかがく)

2012年10月26日 第1刷発行
2023年8月9日 第8刷発行

著 者	亀田和久(かめだかずひさ)
発行者	髙橋明男
発行所	株式会社 講談社
	〒112-8001 東京都文京区音羽2-12-21
	販　売　(03) 5395-4415
	業　務　(03) 5395-3615
編　集	株式会社 講談社サイエンティフィク
	代表　堀越俊一
	〒162-0825 東京都新宿区神楽坂2-14 ノービィビル
	編　集　(03) 3235-3701
DTP	株式会社エヌ・オフィス
印刷所	株式会社平河工業社
製本所	株式会社国宝社

KODANSHA

落丁本・乱丁本は、購入書店名を明記のうえ、講談社業務宛にお送り下さい。送料小社負担にてお取替えします。なお、この本の内容についてのお問い合わせは、講談社サイエンティフィク宛にお願いいたします。定価はカバーに表示してあります。

© Kazuhisa Kameda, 2012

本書のコピー、スキャン、デジタル化等の無断複製は著作権法上での例外を除き禁じられています。本書を代行業者等の第三者に依頼してスキャンやデジタル化することはたとえ個人や家庭内の利用でも著作権法違反です。

JCOPY 〈(社)出版者著作権管理機構 委託出版物〉

複写される場合は、その都度事前に(社)出版者著作権管理機構(電話03-5244-5088、FAX 03-5244-5089、e-mail: info@jcopy.or.jp)の許諾を得て下さい。

Printed in Japan

ISBN978-4-06-156254-7